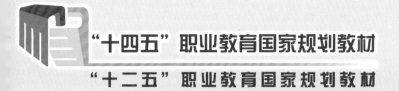

AUTOMATION
CSTVE

中国职业教育学会
自动化教学研究会

"十四五"职业教育国家规划教材

"十二五"职业教育国家规划教材

中国职业技术教育学会自动化技术类专业教学研究会规划教材
"2013年全国职业院校技能大赛"立体化教学资源开发成果
国家级教学成果机电类专业"核心技术一体化"课程开发成果
"国家职业教育课程资源开发和质量监测评估中心"研发成果
国家级教学成果特等奖——技能赛项与教学资源开发成果

Industrial Robot and Intelligent Vision System Application

工业机械手 与智能视觉系统应用

吕景泉　主　编

蒋正炎　陈永平　汤晓华　副主编

瞿彩萍　王一凡　黄华圣　参　编

中国铁道出版社有限公司
CHINA RAILWAY PUBLISHING HOUSE CO., LTD.

附赠DVD

内 容 简 介

　　本书是中国职业技术教育学会自动化技术类专业教学研究会规划并指导开发的教学资源，也是第九套以全国职业大赛赛项成果为载体，面向全国职业院校技能大赛、服务高职机电类专业，培养学生综合实践能力和创新能力的立体化教学资源。

　　本书内容从工业机械手与智能视觉系统核心技术的应用入手，逐步演进到项目演练；再到项目实战，即工业机械手设备安装、工业机械手设置与编程、智能视觉系统安装调试、PLC主控程序设计、以太网的组网与编程实现、系统整体运行调试与维护；最终，项目拓展到其他品牌的工业机械手、智能视觉系统的编程与调试。本教学资源给出了一个崭新的工业机械手与智能视觉系统技术的"教"与"学"解决方案。

　　本书适用于高等职业院校机电类专业的综合实训教学和工程实践创新教学，也适用于不同类型学校学生开展社团的工程创新实践活动和技能大赛活动，还可作为企业工程技术人员的业务培训用书。

图书在版编目（CIP）数据

工业机械手与智能视觉系统应用 / 吕景泉主编. —
北京：中国铁道出版社，2014.4（2024.9重印）
中国职业技术教育学会自动化技术类专业教学研究会
规划教材
　ISBN 978-7-113-18926-6

　Ⅰ．①工… Ⅱ．①吕… Ⅲ．①工业机械手－职业教育
－教材②智能系统－工业视觉系统－职业教育－教材
Ⅳ．①TP241.2②TP399

中国版本图书馆CIP数据核字(2014)第181016号

书　　名：工业机械手与智能视觉系统应用
作　　者：吕景泉

策　　划：秦绪好　何红艳		编辑部电话：（010）63560043
责任编辑：何红艳		
编辑助理：绳　超		
封面设计：刘　颖		
封面制作：白　雪		
责任校对：汤淑梅		
责任印制：樊启鹏		

出版发行：中国铁道出版社有限公司（100054，北京市西城区右安门西街8号）
网　　址：https://www.tdpress.com/51eds/
印　　刷：北京盛通印刷股份有限公司
版　　次：2014年4月第1版　　2024年9月第7次印刷
开　　本：787mm×1092mm　1/16　印张：12.5　字数：318千
书　　号：ISBN 978-7-113-18926-6
定　　价：42.00元（附赠DVD）

作者简介

吕景泉

吕景泉，二级教授，职业技术教育博士，正高级工程师，天津职业技术师范大学副校长。国务院特贴专家、国家级教学名师、国家级机电专业群教学团队负责人，主持完成并获得国家级教学成果特等奖，获得国家级教学成果一等奖1项、国家级教学成果二等奖4项，获全国黄炎培职业教育理论杰出研究奖。曾任教育部高职自动化技术类专业教学指导委员会主任、全国职业院校技能大赛成果转化工作组主任委员、全国职业院校技能大赛成果转化中心负责人。国家职业教育教学资源开发与制作中心牵头人。从事职业教育教学与实践24年，从事企业现场技术改造和升级服务12年，专注国际和国内技能赛项研发与资源建设12年。专注职业教育理论"中观"和"微观"研究，创立"五业联动"产教融合办学模式、"工程实践创新项目（EPIP）"教学模式、"核心技术一体化"专业建设模式。原创首创并率先组织实施"鲁班工坊"国际品牌项目，获得泰国政府"诗琳通公主奖"。出版专著、主编教材20余部，发表论文近百篇。

蒋正炎

蒋正炎，常州工业职业技术学院智能控制学院院长，教授。担任中国职教学会自动化技术类专业教学委员会委员，全国机械行指委智能装备专指委委员、全国电力行指委电气工程专指委委员、全国航空行指委无人机专指委委员、全国机械行业现代机电职教集团资源转化专指委副主任、江苏省第六届青年科协委员，常州市第十届青联委员，常州科教城350人才计划、盐城市515人才计划。担任全国职业院校技能大赛机器人技术应用赛项（中职）的专家组长和裁判长、工业机械手与智能视觉系统应用赛项（高职）的专家裁判。荣获国家教学成果奖、江苏省教学成果奖、全国轻工联合会教学成果奖、全国电力行业教学成果奖、全国轻工联合会教学成果奖等多项。江苏省第二批职业教育教学创新团队负责人，江苏省青蓝工程优秀教学团队负责人，全国机械行业职教先进制造专业领军教学团队负责人，获国家教材委员会首届"全国优秀教材一等奖"。

陈永平

陈永平，上海电子信息职业技术学院副教授。中国职教学会自动化技术类专业教学研究会委员、全国机械职业院校人才培养优秀教师、全国机械职业教育优秀校本教材一等奖主编、2011年全国职业院校现代制造及自动化技术教师大赛一等奖、教育部高职高专自动化技术类专业教学指导委员会规划教材《工程实践创新项目教程》副主编、上海市精品课程"自动线安装与调试"负责人、上海市级教学团队核心成员、上海仪电控股集团青年岗位能手。

汤晓华

汤晓华，教授，武汉市物新智道科技有限公司总经理，曾任武汉电力职业技术学院处长、天津中德职业技术大学二级院长、天津机电职业技术学院副校长。天津市有突出贡献专家，深圳市国家领军人才，全国电力行业教育教学指导委员会委员，中国职教学会教学工作委员会常务委员。主编教材8部，其中5部教材立项为十二五、十三五国家级规划。获国家教学成果奖5项，其中国家特等奖1项（排名第三）、国家一等奖2项、国家二等奖2项，省市级教学成果8项，公开发表学术论文40多篇，参与5项国家级、省市级教育科学规划课题，省级科技进步奖项2项，主持企业技改项目10余项，获发明专利2项，实用新型专利8项。

瞿彩萍

瞿彩萍，顺德职业技术学院电气自动化技术教研室高级实验师，建设十多个校内外实验实训基地，主讲十多门自动化专业课程，主编多本教材，发表论文多篇，多次指导学生参加各级技能大赛。广东省精品课程"PLC与外围设备应用"课程负责人。

王一凡

王一凡，常州纺织服装职业技术学院，副教授，历任机电工程系自动化技术教研室主任、专业负责人、机电学院副院长。长期与企业开展产学研合作，新建理实一体化实训室5个，自主创新实验室2个，完成市级纵向项目2项、横向课题3项，获得专利5项，多次执裁国赛省赛：2015年"楼宇自动化系统安装与调试"国赛；2018年"机电一体化项目"国赛、2016、2017年山东"电气控制系统安装与调试"省赛。主持省级骨干专业机电一体化技术建设；江苏省高等职业院校技能大赛优秀指导教师，江苏省"青蓝工程"骨干教师，2019年主持《工控系统安装与调试》课程获江苏省在线开放立项课程，副主编《嵌入式组态控制技术（第三版）》2021年获国家教材委员会全国优秀教材一等奖。

黄华圣

黄华圣，"天煌教仪"创始人之一，杭州市政协委员、国家教育行政学院兼职教授、中国教育装备行业协会副会长、中国职教学会常务理事、中国成教协会常务理事、中国职教学会科研工作委员会副主任、校企合作工作委员会副主任、职教质量保障与评估研究会副理事长、中华职业教育社专家委员会委员，联合国教科文组织产学合作教席理事会常务理事，全国机械职业教育教学指导委员会委员，《中国职业技术教育》杂志副理事长，《电气电子教学学报》副理事长。

党的二十大报告中指出，高质量发展是全面建设社会主义现代化国家的首要任务。建设现代化产业体系，坚持把发展经济的着力点放在实体经济上，推进新型工业化，加快建设制造强国、质量强国、航天强国、交通强国、网络强国、数字中国。推动制造业高端化、智能化、绿色化发展。

本书是中国职业技术教育学会自动化技术类专业教学研究会规划并指导开发的教学资源，是面向全国职业院校技能大赛、服务高职机电类专业，培养学生综合实践能力和创新能力的立体化教学资源的组成部分，也是第九套以全国职业大赛赛项成果为载体，服务职业院校教师和学生的日常教学，集纳全国课程建设团队和行业企业工程技术人员的智慧和经验，坚持技能赛项引导职业教育教学改革，引领职业院校专业和课程建设、发挥技能赛项在培养技术技能人才的服务、示范作用的共享型教学资源的组成部分，更是课程建设团队的又一次坚持。

全国职业院校技能大赛由教育部联合天津市政府、工业和信息化部、财政部、人力资源和社会保障部等 31 个单位、部门、行业共同主办。它是我国教育工作的一项重大制度设计和创新，也是新时期职业教育改革与发展的重要推进器。

由吕景泉教授牵头组织，赛项的技术执裁人员、院校骨干教师、行业企业人员组成的开发团队，在中国天津海河教育园区内，进行了深度交流，经过一次次碰撞和无数个不眠之夜，一套立体化、围绕工作任务、系统选择实践载体、精心设计的教学资源终于和读者见面了。

设计原则

依据全国职业院校技能大赛"三结合"定位，即"技能赛项要与专业教学改革相结合，技能赛项组织要与行业企业相结合，技能赛项注重个人能力与团队协作相结合"，项目开发团队针对机电类专业的专业技术、技能综合应用环节进行构思，旨在将"赛项策划好""组织实施好""成果推广好""教学服务好""赛项完善好"的宗旨落到实处。本教学资源开发突显以下特点：

（1）符合教育部专业指导目录中的高职机电类专业的培养目标，并将该专业的核心技术技能进行了综合，为高职院校校内生产性实训基地建设提供了新选择，为教学团队培养学生专业技术综合应用能力提供了新平台；为基于工作过程的课程开发、行动导向教学的实施找到了新载体。

（2）选择基于全国职业院校技能大赛高职组教育部指定的"工业机械手与智能视觉系统应用"竞赛专用设备"THMSRB-3型工业机械手与智能视觉系统应用实训装置"为平台，开发团队同行业企业技术人员共同开发实训项目与教学资源，工程实施能力、职业素养的培养针对性强、体现广泛。

（3）教学资源开发选择以检验高职学生的团队协作能力、计划组织能力、智能电梯的安装与调试能力、交流沟通能力、效率、成本和安全意识为依据，并将团队学习、团队训练、团队精神融入其中。

教材特点

教材的编写紧扣"准确性、实用性、先进性、可读性"原则。诙谐的语言、精美的图片、卡通人物、实况录像及过程仿真等的综合运用，将学习、工作融于轻松愉悦的氛围中，力求达到提高学生学习兴趣和效率，以及易学、易懂、易上手的目的。

书中通过"项目引导"、"项目开篇"、"项目备战"、"项目演练"、"项目实战"和"项目拓展"的结构编排，由浅入深、由感性到理性，让教学者和学习者了解、体验工业机械手与智能视觉系统在自动化工程实践创新的教学和学习方式，丰富学习者的工程实践知识、经验，提升技术应用能力和实践创新能力，拓展学习者的专业视野，内化并形成良好的职业素养。

本教学资源强化了最新自动化工程实践案例的"真度"，机电技术应用的"深度"，创新实践空间的"广度"，教学资源内容的"厚度"，软硬系统结合的"密度"，虚拟仿真形式的"效度"，教学学习过程的"乐度"，再到人才培养目标的"适度"，为探索新模式的专业教学做出了有益的尝试。

基本内容

本教材（教学资源）由彩色纸质教材、多媒体光盘和教学资源包三部分组成。为使基于工作过程的教学理念能在高职院校得以有效推广，教材在教学中的作用不容忽视，本教材就如何编写基于工作工程的立体化教材进行了有益的尝试，将对今后教材的编写体例、内容等方面起到一定引领示范的作用。

本教材由吕景泉教授任主编，蒋正炎教授、陈永平副教授、汤晓华教授任副主编，参加编写的还有瞿彩萍高级实验师、王一凡副教授、黄华圣高级工程师。全书由吕景泉教授与汤晓华教授策划、系统指导并统稿。本教材共由六部分组成：为了更好地让高职院校的教师使用本教学资源，在教材的最前面增加了"项目引导"，由吕景泉教授编写；"项目开篇"由汤晓华教授编写；"项目备战"由蒋正炎教授编写；"项目演练"由陈永平副教授编写；"项目实战"由瞿彩萍高级实验师、王一凡副教授、黄华圣高级工程师、蒋正炎教授、陈永平副教授共同编写；"项目拓展"由蒋正炎教授编写。

多媒体光盘含项目相关的视频，项目元件清单及详细说明文档（含图片）、教学工作任务单、项目的程序、教学课件、教学组织场景（典型的视频、图片）、赛项现场实况、安装调试步骤、元器件实物图片及设备运行过程仿真等。为实施典型工业机械手与智能视觉系统教学的院校师生提供了直观、便捷、立体的教学资源包，为读者提供了极大方便。

教学资源包将在教育部首批教育信息化试点项目"基于全国高职技能赛项成果，机电类综合实践教学共享资源"平台上发布。

课程教学资源的开发也是"**国家职业教育课程资源开发和质量监测评估中心**"的研发成果，得到了中国天津海河教育园区管委会的全面指导和大力支持。

课程教学资源为国家级教学成果特等奖——技能赛项与教学资源开发成果。课程教学资源配套资源为"十二五"职业教育国家规划教材。

在本教学资源的开发过程中，得到了浙江天煌科技实业有限公司、三菱电机自动化（中国）有限公司、天津中德应用技术大学、上海电子信息职业技术学院、常州工业职业技术学院、常州纺织服装职业技术学院、广东顺德职业技术学院等单位领导和同人的大力支持，得到了全国职业院校技能大赛赛项专家组、相关行业企业和职业院校的鼎力支持和配合，在此表示衷心的感谢！

限于项目开发团队的经验、水平以及时间限制，难免存在不足和疏漏，敬请专家、广大读者批评指正。

编　者

2022 年 11 月

CONTENTS 目 录

第○篇　项目引导——教学设计

第一篇　项目开篇——工业机械手与智能视觉系统简介

第二篇　项目备战——工业机械手与智能视觉系统的核心技术

第三篇 项目演练——工业机械手与智能视觉系统的单元调试

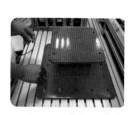

第四篇 项目实战——工业机械手与智能视觉系统的安装调试

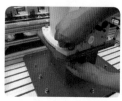

第五篇　项目拓展——工业机器人漫游

目
录

工业机械手与智能视觉系统应用

第〇篇

项目引导——
教学设计

　　综合实践教学是高职学生获得实践能力和综合职业能力的最主要途径和手段，如何设计技能实训课，如何设计专业综合技能实训教学，引发学生自主学习的兴趣，训练学生熟练运用所学知识应用于生产实践，是学生走向工作岗位时能够胜任岗位要求、获得可持续发展能力的保证。

一、指导思想

　　将专业核心技术一体化建设模式引申到课程设计和教学实施，围绕课程核心知识点和技能点，创设专业核心技术四个一体化（参见图 0-1），适应行动导向教学需求，提升学生岗位综合适应能力，培养"短过渡期"或"无过渡期"高技能人才。

> **该课题获2009年国家教学成果二等奖**

　　专业核心技术一体化：针对专业培养目标明确若干个核心技术或技能，根据核心技术技能整体规划专业课程体系，明确每门课程的核心知识点和技能点（核心知技点），形成基于工作过程导向的教学情境（模块），实施理论与实验、实训、实习、顶岗锻炼、就业相一致，以课堂与实验（实训）室、实习车间、生产车间四点为交叉网络的一体化教学方式，强调专业理论与实践教学的相互平行、融合交叉，纵向上前后衔接、横向上相互沟通，使整体教学过程围绕核心技术技能展开，强化课程体系和教学内容为核心技术技能服务，使该类专业的高职毕业生能真正掌握就业本领，培养"短过渡期"或"无过渡期"高技能人才。

　　　　——摘自吕景泉教授关于《高职机电类专业"核心技术一体化"建设模式研究与实践》

　　从传授专业知识和技能出发，全面增强学生的综合职业能力，使学生在从事职业活动时，能系统地考虑问题，了解完成工作的意义，明确工作步骤和时间安排，具备独立计划、实施、检查能力；以对社会负责为前提，能有效地与他人合作和交往；工作积极主动、仔细认真、具有较强的责任心和质量意

> **该课题获2005年国家教学成果二等奖**

识；在专业技术领域具备可持续发展能力，以适应未来的需要。

　　　　——摘自吕景泉教授关于《行为引导教学法在高职实践教学中的应用与研究》

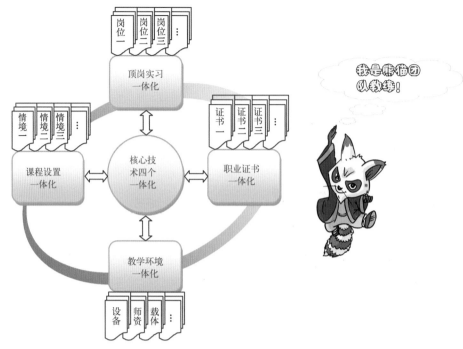

图 0-1 专业核心技术四个一体化示意图

二、教学建议

工业机械手与智能视觉系统涵盖了高端装备制造业自动化领域中的核心技术，将工业机械手、智能视觉系统、工业网络技术与现代化工业生产进行了整体融合，充分体现了光机电一体、管控一体、两化融合的现代工业生产和管理理念，为自动化类专业高端技能人才培养提供了一个新的载体，为光机电自动化技术在现代工业生产的综合应用提供了一个新的平台，系统涉及工业自动化领域核心技术数量多，体现现代工业技术升级要素全，仿真工业现场自动化全过程实。

基本要求： 应具备工业机械手与智能视觉系统实训装备，具有典型的工业机械手与智能视觉系统平台，各机构具有机械技术、电气技术的综合功能等。能体现"核心技术一体化"的设计理念，为实践行动导向教学模式搭建平台。

师资要求： 具有电气自动化技术、机电一体化技术、工业机器人技术专业综合知识，熟悉工业机械手与智能视觉系统技术，有较强的教学及项目开发能力，熟悉项目教学。

教学载体： 以工业机械手与智能视觉系统安装与调试训练平台为例，实现核心技术一体化课程建设思路（参见图 0-2），单元调试、整体联调工作任务综合涵盖了机、电专业核心知技点和先进的机械手及视觉系统应用，可综合训练考评学生核心技术掌握及综合应用能力，对培养学生技术创新能力有很好的作用。

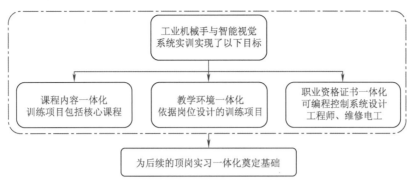

图 0-2　工业机械手与智能视觉系统安装与调试实训、核心技术关系示意图

　　训练模式：三人一组分工协作，完成工业机械手与智能视觉系统中工业机械手本体、智能视觉系统、电气控制系统等的安装和调试等工作任务。也可结合各院校专业教学要求的不同进行有机选择。不同的工作内容对各种专业技术技能的要求程度不同。

　　训练内容：项目任务融合了机械工程、电子工程、现代自动化工程的核心技术，主要包括工业机械手系统、智能视觉系统、可编程逻辑控制器系统、变压器、交流电动机、伺服驱动器、伺服电动机、工业传感器等设备。考核选手完成工业机械手、智能视觉系统的安装与接线任务；完成工业机械手、可编程逻辑控制器的编程调试任务；完成智能视觉控制器的流程编辑任务；完成工业机械手位置点示教设置任务；完成伺服驱动器、变频器的参数设置任务；机电安装、连接、故障诊断与调试等。

　　获取证书：训练内容包含了中华人民共和国劳动和社会保障部颁发的职业资格证书"维修电工""可编程控制系统设计师"等的标准要求。

　　组织大赛：依托全国性的高职技能大赛，营造"普通教育有高考，职业教育有技能大赛"的局面，通过工业机械手与智能视觉系统安装与调试大赛，促进高职各院校机电类专业学生综合实践能力和工程实践创新能力提升。

三、五个重点

　　利用本教学资源进行教学实施中，突出五个重点"赛、教、虚、仿、实"。

　　"赛"：通过对全国职业院校技能大赛"工业机械手与智能视觉系统"赛项的贯穿描述、赛场视频体验、场景氛围呈现、装备载体演练、竞赛技术提炼、行业标准融入，风趣化地将赛项内容引入教学、服务教学、丰富教学。

　　"教"：通过对工业机械手与智能视觉系统的工业机械手、三菱机械手控制器、机械手示教单元、机械手抓手、智能视觉系统、射频识别等传感器、交直流调速、PLC 控制、工业现场总线与工控网络等核心技术遴选，从核心技术的应用入手，逐步演进到项目演练，即工业机械手调试、智能视觉系统调试、RFID（射频识别）读写调试、传送带调试；再到项目实战，即工业机械手设备安装、工业机械手设置与编程调试、智能视觉系统安装调试、PLC 主控程序设计、工业以太网的组网与编程实现、系统整体运行调试与维护；最终，项目拓展到其他品牌的工业机械手、智能视觉系统的编程与调试。本教学资源给出了一个崭新的工业机械手与智能视觉系统技术的"教"与"学"解决方案。

　　"虚"：通过利用机械手自身编程环境、搭建仿真工业机械手系统，模拟仿真工业机械手的动作等，加深对工业机械手的工作原理和核心技术的理解。

　　"仿"：THMSRB-3 型工业机械手与智能视觉系统应用实训平台高度仿真工业自动化生产现场，将工业机械手和智能视觉系统两种技术整合到一个实训设备中，可以实现对高速传输的工件进行检测、分捡、搬运、组装、仓储等操作。

"实"：平台所用器件都是工业级器件，而不是教学模拟器件。通过工业机械手、智能视觉系统、传感检测系统、电气控制系统、通信网络等技术真实的学习，使学生锻炼的技能与实际生产更接近，应用性更强。学生在装配、动手能力方面要求和工业现场一致，而编程也需要有很强的逻辑性，高职院校分层次培养的目标得到了很好的体现。同时，也引导高职教育正在向工程创新方向发展，使理论与实践能够更充分地结合。

现代化的工业机械手与智能视觉系统的最大特点是它的综合性和系统性，综合性指的是，将工业机械手技术、智能视觉技术、传感器技术、PLC 控制技术、接口技术、驱动技术、网络通信技术、触摸屏组态编程等多种技术有机地结合，并综合应用到工业机械手与智能视觉系统设备中；而系统性指的是，工业机械手与智能视觉系统的传感检测、传输与处理、控制、执行与驱动等机构在 PLC 的控制下协调有序地工作，有机地融合在一起，如图 0-3 所示。

图 0-3　生产线功能示意图

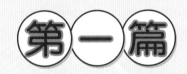

第一篇

项目开篇——
工业机械手与智能
视觉系统简介

一、工业机器人"入侵"

在许多好莱坞大片中,与机器人相关的情节往往是导演抓人眼球、增加票房的噱头。然而,在现实的现代制造业,工业机器人的"入侵"正实实在在地上演着。

在成本压力日增的计算机周边设备行业里,雷柏彻底把自动化设备和工业机器人变成了工厂里的主角。据悉,雷柏工人数量已由 2011 年的 3 000 人减少到目前的 1 000 人,产量却增长了 3 倍。

制造业巨头富士康的 CEO 则表示,将在装配线上添加 100 万个工业机器人,以实现电子产品的自动化装配。此外,艾美特、华为等大型企业也在布局添置机器人,推进自动化。日本大型机床制造商 Fanuc 公司对自动化生产线进行了改造,工业机器人能在无人监督的情况下连续工作长达数周,昼夜不停;美国、法国等西方国家纷纷推出鼓励制造业发展的政策,制造类企业正从中国回归西方。

师傅,工业机器人来了!它的速度太快,又不知疲倦,我跟不上了……

别担心,咱们的功夫也要升级,专门控制它!

最近几年，我国经济发达地区的人力成本急剧上升，为此大量有实力的企业纷纷启用工业机械手与自动化配套装备来替代成本日益增长的劳动力，提升企业竞争力。

目前国内工业机械手总装机量约为 45 000 台，与世界机械手总装机台数 100 多万台相比，中国总装机量不到 5%。对于中国这样一个 13 亿多人口的大国，特别是号称"世界工厂"的制造大国来说，差距是很明显的。装机数量少，说明了中国的工业化程度与工业发达国家的差距，随着中国经济结构调整和产业技术升级，特别是随着国家产业技术政策的大幅度调整，要求中国提高制造业国际竞争力，工业机械手与自动化配套装备将在中国广泛应用。

智能视觉系统相对于人工或传统机械方式而言，具有速度快、精度高、准确性高等一系列优点。随着工业现代化的发展，智能视觉系统已经广泛应用于各大领域，为企业及用户提供更先进的生产和更优的产品品质。智能视觉系统作为一种自动化配套装备，与工业机械手结合在一起使用可以实现更为复杂的自动化控制，更能体现现代化水平。目前工业机器人已经进入了可以人机合作、灵巧感知的"2.0 时代"，产值有望超过汽车产业。

看样子我也得去学习工业机械手的功夫了，对了，还得加上一双"智慧的眼睛"！

大规模工业机械手与智能视觉系统的出现必将催生新的工作岗位，包括工业机械手的研发、操控和维修及智能视觉系统的研发、调试和维修等。

随着人口红利衰减和第三次工业革命带来的技术飞速进步，机器人正闪亮登场。机器人的十八般武艺，正深度刷新工业生产格局。据统计每万名生产工人占有的机器人数量，居全球第一的日本是306 台，韩国 287 台，德国 253 台，美国 130 台，而我国仅为 15 台（见图 1-1）。中国要从制造大国转型为制造强国，巨大的需求释放将促使机器人爆发式增长。

图 1-1　德国库卡工业机械手在汽车生产线工作

二、工业机器人全自动化的"超级工厂"

在美国加州的弗里蒙特市，一个被涂成全白的、宽敞明亮的汽车工厂里，工业机器人正在匆忙地执行任务。它们好像外科医生般围绕着一台尚未成型的车架，为其精确地执行点焊、铆接、胶合的"手术"。如果此时有一辆汽车从你身旁"滑"过，或从你头顶"飞"过，都不要觉得惊讶，这正是特斯拉"超级工厂"。

"超级工厂"是特斯拉第二代电动车 Model S（家庭款四门轿车）的出生地。凭借着这款汽车的销售，2013 年 5 月，特斯拉宣布在第一季度实现公司成立 10 年来的首次盈利，利润率高达 25%。

销量与盈利上升的秘密来自特斯拉打造的工业机器人全自动化"超级工厂"。"多才多艺"的工业机器人是生产线的重要力量。目前"超级工厂"内一共有 160 台工业机器人，分属四大制造环节：冲压生产线、车身中心、烤漆中心和组装中心，如图 1-2 所示。

其中，车身中心的"多工机器人"（multitasking robot）是目前最先进、使用频率最高的机器人。它们大多只有一个巨型机械臂，却能执行多种不同的任务，包括车身冲压、焊接、铆接、

图 1-2　工业机械手在汽车生产线工作

胶合等。它们可以先用钳子进行点焊，然后放开钳子；紧接着拿起夹子，胶合车身板件。生产线上的工程师介绍说："这种灵活性，对小巧、有效率的作业流程十分重要。"在执行任务期间，这些机器人的每一步都必须分毫不差，否则就会导致整个生产流程的停摆，所以对它们的"教学训练"就显得格外重要。

当车体组装好以后，位于车间上方的"运输机器人"能将整个车身吊起，运往位于另一栋建筑的喷漆区。在那里，"喷漆手"机器人拥有可弯曲机械臂，不仅能全方位、不留死角地为车身上漆，还能使用把手来开关车门与车厢盖。

送到组装中心后，"多工机器人"除了能连续安装车门、车顶外，还能将一个完整的座椅直接放入汽车内部，主管生产的帕辛都称其"令人惊叹"。有意思的是，组装中心的"安装机器人"还是个"拍照达人"，因为在为 Model S 安装全景天窗时，它总会先在正上方拍张车顶的照片，通过照片测量出天窗的精确方位，再把玻璃黏合上去（见图 1-3、图 1-4）。

图 1-3　工业机械手在进行汽车天窗的安装

图 1-4　工业机械手在进行汽车车门的安装

在车间里，车辆在不同环节间的运送基本都由一款自动引导机器人——"聪明车"(self guide smart car) 来完成。工作人员提前在地面上用磁性材料设计好行走路线后，"聪明车"就能按照路线的指引，载着 Model S 穿梭于工厂之间。"我们正在把自动化发挥到极致。"帕辛说。特斯拉的工厂只雇佣了 3 000 名工人，他们除了完成一些机器人无法实现的工作外，如安装仪表板、发动机等，还需要对机器人完成的细节内容进行确认。

工业机械手是集精密化、柔性化、智能化、软件应用开发等先进制造技术于一体，通过对过程实施检测、控制、优化、调度、管理和决策，实现增加产量、提高质量、降低成本、减少资源消耗和环境污染，是工业自动化水平的最高体现。工业机械手具备精细制造、精细加工以及柔性生产等技术特点，是继动力机械、计算机之后，出现的全面延伸人的体力和智力的新一代生产工具，是实现生产数字化、自动化、网络化以及智能化的重要手段。工业机械手是自动化生产过程的关键设备，可用于制造、安装、检测、物流等生产环节，并广泛应用于汽车整车及汽车零部件、工程机械、电子装备、军工、医药、食品等众多行业，应用领域非常广泛。

汽车生产线焊接机械手如图 1-5 所示，汽车生产线喷涂机械手如图 1-6 所示。

图 1-5 汽车生产线焊接机械手

图 1-6 汽车生产线喷涂机械手

智能视觉系统（见图 1-7）的原理是将对象产品或区域进行成像，然后根据其图像信息用专用的图像处理软件进行处理。根据处理结果，软件能自动判断产品的位置、尺寸、外观信息，并根据人为预先设定的标准进行合格与否的判断，输出其判断信息给执行机构。

图 1-7 智能视觉系统

智能视觉系统主要具有三大类功能：一是定位功能，能够自动判断感兴趣的物体、产品在什么位置，并将位置信息通过一定的通信协议输出，此功能多用于全自动装配和生产，如自动组装、自动焊接、自动包装、自动灌装、自动喷涂，多配合自动执行机构（机械手、焊枪、喷嘴等）；二是测量功能，也就是能够自动测量产品的外观尺寸，比如外形轮廓、孔径、高度、面积等；三是缺陷检测功能，可以检测产品表面的相关信息，如包装是否正确，印刷有无错误，表面有无刮伤或颗粒、破损、油污、灰尘，塑料件有无穿孔、雨雾注塑不良等。

三、工业机械手"摆擂"的全国职业院校技能大赛

随着我国工业自动化水平的不断提高，工业机械手及智能视觉系统的应用市场也会越来越大，如包装、烟草、汽车制造、工程机械、制药、医疗卫生、食品加工、生活服务等领域，都有工业机械手与智能视觉系统的身影，工业机械手及智能视觉系统技术逐渐成为工业自动化的核心技术，对工业机械手及智能视觉系统相关技术人员的需求量也日益增加。为满足职业教育适应产业升级之需要，2013 年 6 月 26 日，由教育部、天津市政府、工业和信息化部、人力资源和社会保障部等 31 个部门、行业组织共同举办的全国职业院校技能大赛"工业机械手与智能视觉系统应用"在天津举行，这项比赛主要考查参赛高职选手从事工业机械手与智能视觉系统安装、设计、调试、运行、维护和技术管理的应用能力。比赛现场如图 1-8、图 1-9 所示。

图 1-8 全国职业院校技能大赛"工业机械手与智能视觉系统应用"赛项现场

图 1-9 学生在进行"工业机械手与智能视觉系统应用"赛项比赛

工业机械手真神奇，真灵活，比赛真是太有趣了！

1. 竞赛平台设计的标准

竞赛平台的设计既贴近工业生产实际，同时又涵盖了新知识、新工艺的关键环节。以机械手技术、智能视觉技术、PLC 控制技术、变频控制技术、伺服控制技术、传感器技术、电动机驱动技术等工业自动化相关技术为标准。

2. 竞赛平台组成

竞赛平台主要由一台六自由度工业机械手系统、一套智能视觉系统、一套可编程逻辑控制器（PLC）系统、一套 RFID 检测系统、四工位工件供料单元、环形输送单元、直线输送单元、工件组装单元、立体仓库单元、电气控制柜、网络交换机等组成，实训平台如图 1-10 所示。可实现灵活、快速、精确地对工件进行分拣、搬运、装配、拆解、检测等操作。可根据比赛要求进行多种组合、创新，通过不同的组合应用，实现不同的控制效果，具有良好的柔性。

工业机械手真神奇，真灵活，请大家注意，我们用的工业机械手和工业现场的是一致的！

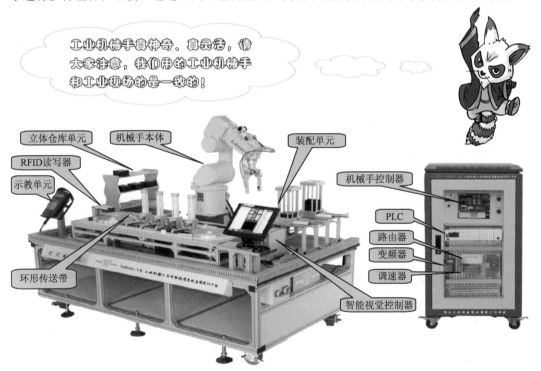

图 1-10 工业机械手与智能视觉系统应用实训平台

工业机械手系统：由机械手本体、机械手控制器、示教单元、输入/输出信号转换器和抓取机构组成，装备多种夹具、吸盘、测量、量具、工具等，可对工件进行抓取、吸取、测量、搬运、装配、打磨、拆解等操作，也可以抓取智能视觉相机对工件进行实时检测操作。

机械手本体由六自由度关节组成，固定在型材实训桌上，活动范围半径大于 600 mm，角度范围不小于 340°。

图1-10所示是THMSRB-3型工业机械手与智能视觉系统应用实训平台的整体外观，下面我们一样来认识。

机械手示教单元有液晶显示屏、使能按钮、急停按钮、操作键盘，用于参数设置、手动示教、位置编辑、程序编辑等操作，如图1-11所示。

（a）本体　　　　　　　　（b）控制器　　　　　　　　（c）示教单元

图1-11　机械手的本体、控制器与示教单元

智能视觉系统：由监视显示器、视觉控制器和视觉相机等组成，如图1-12所示。视觉相机安装在型材实训桌专用相机支架上，用于检测工件的特性，如数字、颜色、形状等，机械手还可以抓取视觉相机脱离相机支架，对工件装配过程及装配效果进行实时检测操作。

（a）监视显示器　　　　　　（b）视觉控制器　　　　　　（c）视觉照相机

图1-12　智能视觉系统的监视显示器、视觉控制器、视觉照相机

PLC 系统：配备三菱 FX3U 可编程逻辑控制器、数字量扩展模块、模拟量输出模块及以太网通信模块，用于控制机械手及各模块之间的协调运作。

RFID 检测系统：采用西门子 RFID 检测系统，安装在环线输送单元的左端圆弧处，电子标签已埋在工件内部，检测距离为 20 cm。当工件从环线输送单元经过左端圆弧处时，RFID 检测系统可以准确地读取工件内的标签信息，如编号、颜色、材质等信息，该信息可以通过以太网总线传输给 PLC，从而实现工件的分拣功能。

四工位工件供料单元：由井式料库、推料气缸、顶料气缸和光电传感器组成，安装在型材实训桌上，用于将工件库中的工件依次推出到环形输送线。提供不同编号、不同高度、不同颜色的标准工件，以及编号缺少笔画、杂色叠加等不合格工件。四工位的供料设计，使得供料方式多样化，可以进行单一的上料，也可以进行不同形状、不同颜色、不同数字的组合上料，以及上料速度从慢到快的控制，实现上料形式的多样化，从而达到从简单到复杂的实训和考核。

环形输送单元：由三相交流电动机、环形板链（传送带）、对射传感器等组成，安装在型材实训桌上，用于传输工件。三相交流电动机通过变频器调速驱动，使传送带的传送速度可控，配合智能视觉检测系统及工业机械手实现从易到难的出料、传送、分拣等操作。

直线输送单元：由直流电动机、高精度编码器、调速控制器、同步带轮等组成，通过调速控制器对运行速度的控制，配合机械手实现从易到难的追踪、定位、抓取等操作，如图 1-13 所示。

工件组装单元：由工件盒送料机构及工件盖送料机构组成，安装在型材实训桌上，用于装配工件。具有四个工件盒组装位置，每个工件盒组装位置都有固定气夹，能同时对四个工件盒进行装配操作。工件盒内设有四个工件槽用于放置工件，工件盒和工件盖四个角带有磁性黏合，可以使工件盒与工件盖紧密组合在一起。设有多个传感器，可以检测托盘和盘盖是否装反（见图 1-14）。机械手可以进行托盘和盘盖装反时的修正、工件按序装配、工件拆解等操作。通过对托盘和盘盖的正反放置、工件装配顺序调整等，实现对机械手翻转、组合定位功能的应用，提高机械手的应用难度，实现了实训及考核的多样化。

图 1-13 工件供料、环形输送、直线输送单元　　　图 1-14 托盘、盘盖、工件

立体仓库单元：由铝质材料加工而成，配有 16 个仓位（4×4），用于放置装配完的组件。同时也可以通过机械手对装配完成的组件进行拆装，并分类放置到相应的工件库，实现从易到难、从简单到复杂的实训及考核方式。

电气控制柜：用于安装机械手控制器、PLC、变频器及调速控制器等电气部件，采用网孔板的结构，便于拆装。

网络交换机：可以使 PLC、机械手控制器、智能视觉系统控制器、RFID 检测系统组成一个局域网，进行数据的相互传输。

师傅，对THMSRB-3型工业机械手与智能视觉系统应用实训平台我大致认识和了解了，我也想去比赛！

四、工业机械手"打擂"的任务

1. 工业机械手设备安装

（1）安装工业机械手本体至实训工作台。

（2）根据现场提供的工业机械手技术手册及安装图样完成机械手电磁阀、抓手及相关气动器件的安装。

2. 工业机械手设置与编程调试

（1）工业机械手型号、IP地址、序列号设置。使用示教单元设定工业机械手型号、IP地址、序列号，并根据现场工业机械手安装位置情况，设置合适的工业机械手原点。

（2）通过对直线单元编码器信号的采集，完成工业机械手对直线输送单元工件的追踪、定位、抓取程序段编写，能对工件中心点进行准确定位并实现工件的抓取。

（3）通过对RFID系统检测信息的采集，完成工业机械手对不同工件，按不同组合方式进行装配及废品处理程序段编写。

（4）工业机械手对工件组合体视觉检测程序段编写，对工件组合体进行多角度的拍照操作。

（5）工业机械手对工件组合体入库程序段编写，可以实现多种不同的入库方式。

（6）工业机械手对工件组合体出库程序段编写，工业机械手执行出库操作，并对工件组合体组装后的工件进行拆解，将各工件依次放入相应上料机构的井式库架中。

（7）工业机械手对上述操作中更换夹具、吸盘等装备的程序段编写。

（8）工业机械手位置点设置。使用示教单元设置并调整工业机械手相关位置点，包括工业机械手起始位置、工具换装等待位置、装配等待位置、工件盒出料台位置、工件盖出料台位置、四个装配台位置、盒内四个工件放置位置、工件跟踪吸取位置、废料框位置、仓库位置、工件料库入口位置、运行中过渡位置等。

3. 智能视觉系统接线

（1）智能视觉传感器镜头调整，使智能视觉传感器能稳定、清晰地摄取图像信号。

（2）智能视觉控制器IP地址设置。

（3）智能视觉控制器图像摄取流程编辑，智能视觉传感器以竖直角度和45°角对工件盒进行检测，可以使颜色、编号、高度、材质、异常等不符合的要求的工件与符合要求的工件区分出来。

（4）智能视觉控制器检测逻辑编辑：编辑检测结果表达式，使检测结果以数据形式提供给PLC。

4. 系统整体运行调试

（1）变频器的参数设置。

（2）RFID、PLC主控制器以太网络组建设置。

（3）主控程序设计与调试：检测按钮、传感器信号，控制变频器、直流电动机驱动器、指示灯等，并配合工业机械手程序、智能视觉系统设定的流程及RFID系统检测信息等，实现系统的分拣、装配、检测、入库、出库、拆解等运行要求。

师傅，这些招式还是蛮复杂的，我该如何训练学习呢？

别急，我们从单项核心技术入手，然后到单元功能块，最后到整体应用。由简入繁、由易到难，从单向到综合。功夫就是这样练成的！加油！

第二篇

项目备战——
工业机械手与智能视觉系统的核心技术

本篇将从工业机械手、智能视觉系统、传感器技术、射频识别、交直流调速技术、PLC及工业以太网等方面来详细剖析工业机械手与智能视觉系统的各组成部件，掌握核心技术和基本技能。

要参赛，得备战，先掌握工业机械手和智能视觉系统的核心技术吧！

▶ 任务一　认识工业机械手

✎ 任务目标

1．能了解工业机械手的分类、应用与结构组成；

2．初步学会使用三菱工业机械手（简称"三菱机械手"）控制器和示教单元；

3．了解工业机械手抓手和工装的选用。

"人"要在生产中完成很多枯燥无味、成百上千次的重复工序，并且还会有生产安全隐患、生产效率低和劳动力成本高等问题。

工业机械手可以帮助人来完成这些工作，其中要完成工件吸取、搬运、摆放，测量、拆解、入库、出库等操作。

子任务一　了解工业机械手的分类与应用

THMSRB-3 型工业机械手与智能视觉系统应用实训平台实训装置选用 RV-3SD 六自由度工业机械手系统，如图 2-1 所示。

师傅，它为什么叫六自由度工业机械手系统啊？

　　一般来说，一个自由度在机械手上就代表一个关节，每个关节都会有一个驱动机构（伺服电动机），每个关节管辖的坐标体系也是不一样的，所以自由度（degree of freedom）也是指机械手所具有的独立坐标轴运动的数目（不应包括抓手的开合自由度）。在三维空间中描述一个物体的位置和姿态（简称位姿）需要六个自由度。但是，工业机械手的自由度是根据其用途而设计的，可能小于六个自由度，也可能大于六个自由度。

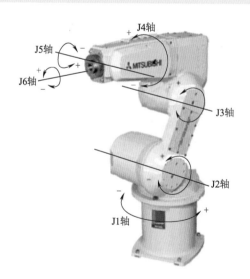

图 2-1　RV-3SD 六自由度工业机械手本系统

RV-3SD 六自由度工业机械手本体由六个关节组成，固定在型材实训桌上，活动范围半径大于 600 mm，角度范围不小于 340°，RV-3SD 六自由度工业机械手本体参数如表 2-1 所示。

表 2-1　RV-3SD 六自由度工业机械手本体参数

形　式		单位	规格值	形　式		单位	规格值
机种		—	6 轴标准规格	最大速度	(J1)	(°)/s	250
动作自由度			6		(J2)		187
安装姿势			地板、垂吊		(J3)		250
构造			垂直多关节型		(J4)		412
驱动方式			AC 伺服电动机(J1～J3、J5 轴附制动)		(J5)		412
位置检出方式			绝对型编码器		(J6)		660
手臂长	上臂	mm	245	最大合成速度		mm/s	5 500
	前臂	mm	270	位置往返精度		mm	±0.02
动作范围	(J1)	度（°）	340（-170～+170）	容许转矩	(J4)	N·m	5.83
	(J2)		225（-90～+135）		(J5)		5.83
	(J3)		191（-20～+171）		(J6)		3.9
	(J4)		320（-160～+160）	容许惯性	(J4)	kg·m²	0.137
	(J5)		240（-120～+120）		(J5)		0.137
	(J6)		720（-360～+360）		(J6)		0.047
可搬质量	最大	kg	3.5	周围温度		℃	0～40
	额定		3	本体质量		kg	37
手臂到达半径（前方 J5 轴中心点）		mm	642	Tool 配线		—	抓手输入 8 点、输出 8 点；预备配线 8 芯

工业机械手还有长什么样的？能干什么活呢？

工业机械手按照不同的分类标准可以分为不同的类别。

（1）按照工业机械手的运动形态分类，可以分为直角坐标型工业机械手、圆柱坐标型工业机械手、球坐标型工业机械手、多关节型工业机械手、平面关节型工业机械手和并联型工业机械手，如图 2-2 所示。

① 直角坐标型工业机械手有三个移动关节，可使末端操作器做三个方向的独立位移。该种形式的工业机械手，定位精度较高、空间轨迹规划与求解相对较容易、计算机控制相对较简单；它的不足是空间尺寸较大、运动的灵活性相对较差、运动的速度相对较低。

② 圆柱坐标型工业机械手有两个移动关节和一个转动关节，末端操作器的安装轴线的位姿由 (z, r, θ) 坐标予以表示。该种形式的工业机械手，空间尺寸较小、工作范围较大、末端操作器可获得较高的运动速度；它的不足是末端操作器离 z 轴越远，其切向线位移的分辨精度就越低。

③ 球坐标型工业机械手有两个转动关节和一个移动关节，末端操作器的安装轴线的位姿由 (θ, ϕ, r) 坐标予以表示。该种形式的工业机械手，空间尺寸较小、工作范围较大。

④ 多关节型工业机械手有多个转动关节，该种形式的工业机械手，空间尺寸相对较小、工作范围相对较大，还可以绕过机座周围的障碍物，是目前应用较多的一种机型。

⑤ 平面关节型工业机械手有一个移动关节和两个回转关节，移动关节实现上下运动，两个回转关节则控制前后、左右运动，这种工业机械手结构简单、动作灵活、多用于装配作业中。

⑥ 并联型工业机械手，是动平台和定平台通过至少两个独立的运动链相连接，机构具有两个或两个以上自由度，且以并联方式驱动的一种闭环机构。

(a) 直角坐标型   (b) 圆柱坐标型   (c) 球坐标型

(d) 多关节型   (e) 平面关节型   (f) 并联型

图 2-2　工业机械手类型

（2）按照工业机械手输入信息方式分类，可以分为操作工业机械手、固定程序工业机械手、可编程型工业机械手、程序控制工业机械手、示教型工业机械手、智能型工业机械手。各机械手的特点见表 2-2。

（3）按照工业机械手驱动方式分类，可以分为液压型工业机械手、电动型工业机械手、气压型工业机械手。其特点见表 2-3。

（4）按照工业机械手运动轨迹分类，可以分为点位型工业机械手、连续轨迹型工业机械手。点位控制是控制机械手从一个位姿到另一个位姿，其路径不限；连续轨迹控制是控制机械手的机械接口，按编程规定的位姿和速度，在指定的轨迹上运动。

通常见到的工业机械手属于智能型、连续轨迹、多关节工业机械手，末端抓手多为气动或者电动。

出几个问题考考你：PPT／PPR／PRP分别是什么含义？弧焊机械手和点焊机械手属于点位控制还是连续轨迹控制？

表2-2　按照工业机械手输入信息方式分类

分　　类	特　　　　　点
操作工业机械手	一种由操作人员直接进行操作的具有几个自由度的机械手
固定程序工业机械手	按预先规定的顺序、条件和位置，逐步地重复执行给定作业任务的机械手
可编程型工业机械手	与固定程序机械手基本相同，但其工作次序等信息易于修改
程序控制型工业机械手	它的作业任务指令是由计算机程序向机械手提供的，其控制方式与数控机床相同
示教型工业机械手	能够按照记忆装置存储的信息来复现由人示教的动作，其示教动作可自动地重复执行
智能型工业机械手	采用传感器来感知工作环境或工作条件的变化，并借助自身的决策能力，完成相应的工作任务

表2-3　按照工业机械手驱动方式分类

分　　类	特　　　　　点
液压型工业机械手	液压压力比气压压力大得多，故液压型工业机械手具有较大的抓举能力，可达上千牛[顿]，这类工业机械手结构紧凑、传动平稳、动作灵敏，但对于密封要求较高，且不宜在高温或者低温环境下使用
电动型工业机械手	目前使用最多的一类工业机械手，不仅因为电动机品种众多，为工业机械手设计提供了多种选择，也因为可以运用多种灵活控制的方法，早些多采用步进电动机驱动，后来发展了直流伺服驱动单元，驱动单元或是直接驱动操作机，或是通过诸如谐波减速器的装置来减速后驱动，结构十分紧凑、简单
气压型工业机械手	以压缩空气来驱动操作机，其优点是空气来源方便、动作迅速、结构简单、造价低、无污染；缺点是空气具有可压缩性，导致工作速度的稳定性较差，这类工业机械手的抓举力较小，一般只有几十牛[顿]

师傅，我在很多现代化制造企业里看到工业机械手已经大量使用。

　　国际机器人联合会（IFR）预计：2014年我国机器人需求量将达到32 000台，成为全球最大的机器人需求国，到2015年，国内工业机器人年供应量将超过20 000台，保有量超13万台。这些机器人广泛应用于各行各业，主要进行焊接、装配、搬运、加工、喷涂、码垛等作业，如图2-3所示。机器人的应用主要有两种方式，一种是机器人工作单元，另一种是带机器人的生产线，并且后者已经成为机器人应用的主要方式。

弧焊机器人	磨削机器人	点焊机器人	去毛刺机器人
清洁机器人	上料机器人	物料输送机器人	材料去除机器人
包装机器人	喷漆机器人	装配机器人	自动钻孔机器人

图 2-3　机器人的应用

师傅，它们都能干这么多活，有像我一样健壮的体格吗？不要干活时笨手笨脚的！

它们虽然很壮实，但干活很灵活，脑子可聪明了！并且它们有用不完的力气！

子任务二　了解工业机械手的组成与结构

为什么机械手有如此强大的体格和智慧，不但可以做人干的活，而且可以做人做不了的事情呢？

THMSRB-3型工业械手人与智能视觉系统应用实训平台实训装置的工业机械手可以代替人完成工件的搬运，主要由三菱RV-3SD六自由度工业机械手本体、控制器、抓手等组成。三菱RV-3SD六自由度工业机械手裸机的配置如图2-4所示。

(a) 本体

(b) 控制器

(c) 示教单元

(d) 设备连接电缆

图2-4 三菱RV-3SD六自由度工业机械手裸机的配置

"人"的四肢骨骼和运动系统来完成相关动作，大脑和神经系统来处理发布信息，五官和皮肤来和环境交互。工业机械手也要接受这些考验，只有拥有了健全的身体，才能应付各种各样的工作。

从工业机械手的总体结构上看（见图2-5），可以分为"三大部分、六大系统"。三大部分、六大系统都是一个统一的整体，如图2-6所示。

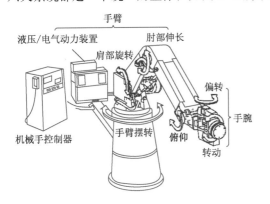

图2-5 工业机械手的总体结构

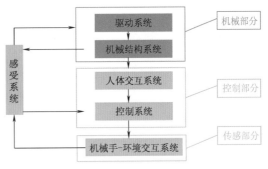

图2-6 三大部分、六大系统的组成示意图

三大部分是指用于实现各种动作的机械部分、用于感知内部和外部的信息的传感部分和用于控制机械手完成各种动作的控制部分。

六大系统分别是驱动系统、机械结构系统（又称执行系统）、机械手-环境交互系统、感受系统、人机交互系统和控制系统。

1．驱动系统

驱动系统包括动力装置和传动机构，用以使执行机构产生相应的动作。有液压驱动、气动驱动、电动机驱动等系统。根据需要，可采用由这三种基本驱动类型的一种，或合成式驱动系统，目前最常用的是电动机驱动系统。这三种基本驱动系统的主要特点见表2-4。

表 2-4 三种基本驱动系统的主要特点

内 容	驱 动 系 统		
	液压驱动	气动驱动	电动机驱动
输出功率	很大，压力范围为 50～140 N/cm²	大，压力范围通常为 48～60 N/cm²，个别的，最大可达 100 N/cm²	较大
控制性能	利用液体的不可压缩性，控制精度较高，输出功率大，可无级调速，反应灵敏，可实现连续轨迹控制	利用气体压缩性大，控制精度低，阻尼效果差，低速不易控制，难以实现高速、高精度的连续轨迹控制	控制精度高，功率较大，能精确定位，反应灵敏，可实现高速、高精度的连续轨迹控制，伺服特性好，控制系统复杂
响应速度	很高	较高	很高
结构性能及体积	结构适当，执行机构可标准化、模拟化，易实现直接驱动。功率/质量比大，体积小、结构紧凑、密封问题较大	结构适当，执行机构可标准化、模拟化，易实现直接驱动。功率/质量比大、体积小、结构紧凑、密封问题较小	伺服电动机易于标准化、结构性能好、噪声低，电动机一般须配置减速装置，除直接驱动电动机外，难以直接驱动，结构紧凑、无密封问题
安全性	防爆性能较好，用液压油作传动介质，在一定条件下有火灾危险	防爆性能好，高于 1 000 kPa（约10个标准大气压）时应注意设备的抗压性	设备自身无爆炸和火灾危险，直流有刷电动机换向时有火花，对环境的防爆性能较差
对环境的影响	液压系统易漏油，对环境有污染	排气时有噪声	无
在工业机器人中应用范围	适用于重载、低速驱动，电液伺服系统适用于喷涂机器人、点焊机器人和托运机器人	适用于中小负载驱动、精度要求较低的有限点位程序控制机器人，如冲压机器人本体的气动平衡及装配机器人气动夹具	适用于中小负载、要求具有较高的位置控制精度和轨迹控制精度、速度较高的机器人，如 AC 伺服喷涂机器人、点焊机器人、弧焊机器人、装配机器人等
成本	液压元件成本较高	成本低	成本高
维修及使用	方便，但液压油对环境温度有一定要求	方便	较复杂

工业机械手驱动系统的选用，应根据工业机械手的性能要求、控制功能、运行的功耗、应用环境、作业要求、性能价格比以及其他因素综合加以考虑。在充分考虑各种驱动系统特点的基础上，在保证工业机械手性能规范、可行性和可靠性的前提下做出决定。

一般情况下，各种工业机械手驱动系统的设计选用原则大致如下：

（1）控制方式。对物料搬运（包括上、下料）、冲压用的有限点位控制的程序控制机械手，低速重负载时可选用液压驱动系统；中等负载、轻负载时可选用电动机驱动系统；轻负载、高速时可选用气动驱动系统，冲压机械手抓手多选用气动驱动系统。

（2）作业环境要求。从事喷涂作业的工业机械手，由于工作环境需要防爆，考虑到其防爆性能，多采用电液伺服驱动系统和具有本征防爆的交流电动伺服驱动系统。水下机械手、核工业专用机械手、空间机械手，以及在腐蚀性、易燃易爆气体、放射性物质环境中工作的移动机械手，一般采用交流伺服驱动。如要求在洁净环境中使用，则多要求采用直接驱动电动机驱动系统。

（3）操作运行速度。对于装配机械手，由于要求其有较高的点位重复精度和较高的运行速度，通常在运行速度要求相对较低（≤ 4.5 m/s）的情况下，可采用 AC、DC 或步进电动机伺服驱动系统；在运行速度、精度要求均很高的条件下，多采用直接驱动电动机驱动系统。

2．机械结构系统

机械结构系统由机身、手臂、手腕、手部（末端执行器）四大件组成，如图2-7所示。有的机械手还有行走机构。大多数工业机械手有三至六个运动自由度。

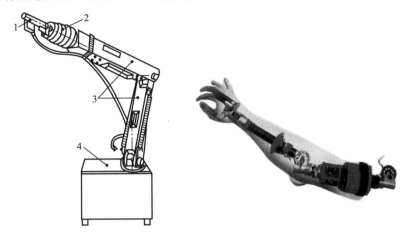

图2-7　机械手机械结构组成

1—手部（末端执行器）；2—手腕；3—手臂；4—机身

（1）机身：起支承作用，固定式机械手的基座直接连接在地面基础上；移动式机械手的基座安装在移动机构上。

（2）手臂：用于连接机身和手腕，主要改变末端执行器的空间位置。在工作中直接承受腕、手和工件的静、动载荷，自身运动较多，故受力复杂。

手臂的长度尺寸要满足工作空间的要求，由于手臂的刚度、强度直接影响机械手的整体运动刚度，同时又要灵活运动，故应尽可能选用高强度轻质材料，减轻其质量。在臂体设计中，也应尽量设计成封闭形和局部带加强肋的结构，以增加手臂的刚度和强度。手臂的结构可分为横梁式、立柱式、机座式和屈伸式四种，见表2-5。

表2-5　手臂的四种结构

横梁式	立柱式	机座式	屈伸式
机身设计成横梁式，用于悬挂手臂部件，这类机械手大都为移动式	立柱式机械手多采用回转型、俯仰型或屈伸型的运动形式，是一种常见的配置形式	机身设计成机座式，这种机械手可以是独立的、自成系统的完整装置，可以随意安放和搬动	屈伸式机械手的臂部可以由大小臂组成，大小臂间有相对运动，成为屈伸臂

（3）手腕：用于连接臂部和手部（末端执行器），手腕确定手部的作业姿态，一般需要三个自由度，由三个回转关节组合而成，组合方式多样，手腕关节组合示意图如图2-8所示。

为了使手部能处于空间任意方向，要求手腕能实现对空间三个坐标轴 x、y、z 的转动。回转方向分为："臂转"是绕小臂轴线方向的旋转；"手转"是使末端执行器绕自身的轴线旋转；"腕摆"是使手部相对臂部的摆动。

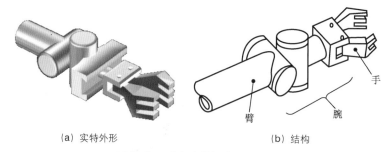

（a）实特外形　　　　　　　　　（b）结构

图 2-8　手腕关节组合示意图

手腕结构的设计要满足转动灵活、结构紧凑轻巧、避免干涉。机械手多数将手腕结构的驱动部分安排在小臂上。首先设法使几个电动机的运动传递到同轴旋转的心轴和多层套筒上去。运动传入手腕后再分别实现各个动作。

（4）手部（末端执行器）：是机械手的作业工具。如抓取工件的各种抓手、取料器、专用工具的夹持器等，还包括部分专用工具，如拧螺钉螺母机、喷枪、焊枪、切割头、测量头等。此部分内容将在本任务的子任务五中讲述。

3．机械手-环境交互系统

机械手－环境交互系统是实现机械手与外部环境中的设备相互联系和协调的系统。机械手与外部设备集成为一个功能单元，如加工制造单元、焊接单元、装配单元等。也可以是多个机械手、多台机床或设备、多个零件储存装置等集成为一个去执行复杂任务的功能单元。

4．感受系统

感受系统由内部传感器和外部传感器组成，用以检测其运动位置和工作状态，如位置、力、触角、视觉等传感器。

内部传感器用于检测各个关节的位置、速度等变量，为闭环伺服控制系统提供反馈信息；外部传感器用于检测机械手与周围环境之间的一些状态变量，如距离、接近程度和接触情况等，用于引导机械手，便于其识别物体并做出相应处理。外部传感器一方面使机械手更准确地获取周围环境情况，另一方面也能起到误差矫正的作用。

此部分内容将在本篇的任务二中讲述。

5．人机交互系统

人机交互系统是人与机械手进行联系和参与机械手控制的装置，分别是指令给定装置和信息显示装置。

6．控制系统

控制系统是按照输入的程序对驱动系统和执行机构发出指令信号，并进行控制。信号传输线路大多数都在机械手内部，其内部结构如图2-9所示。

控制系统的任务是根据机械手的作业指令程序以及从传感器反馈回来的信号，支配机械手的执行机构去完成规定的运动和功能。

如果机械手不具备信息反馈特征，则为开环控制系统；如果机械手具备信息反馈特征，则为闭环控制系统。

根据控制运动的形式可分为点位控制和连续轨迹控制；根据控制原理可分为程序控制系统、自适应控制系统和人工智能控制系统。

（1）程序控制系统：给每个自由度施加一定规律的控制作用，机械手就可实现要求的空间轨迹。

（2）自适应控制系统：当外界条件变化时，为保证所要求的品质或为了随着经验的积累而自行改善控制品质，其过程是基于操作机构的状态和伺服误差的观察，再调整非线性模型的参数，一直到误差消失为止。这种控制系统的结构和参数能随时间和条件自动改变。

（3）人工智能控制系统：事先无法编制运动程序，而是要求在运动过程中根据所获得的周围状态信息，实时确定控制作用。当外界条件变化时，为保证所要求的品质或为了随着经验的积累而自行改善控制品质，其过程是基于操作机的状态和伺服误差的观察，再调整非线性模型的参数，一直到误差消失为止。这种系统的结构和参数能随时间和条件自动改变。因而本系统是一种自适应控制系统。

图 2-9　机械手的内部结构

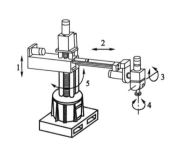

工业机械手应用如此广泛，在选购的时候要特别关注哪些核心参数呢？

工业机械手在选购时要特别关注的核心参数如下：

（1）自由度。自由度是指工业机械手所具有的独立坐标轴运动的数目，不应包括手部（末端执行器）的开合自由度。在工业机械手系统中，一个自由度就需要有一个电动机驱动系统。在三维空间中描述一个物体的位置和姿态（简称位姿）需要六个自由度。但是，工业机械手的自由度是根据其用途而设计的，可能小于六个自由度，也可能大于六个自由度，如图 2-10、图 2-11 所示。

图 2-10　五自由度工业机械手

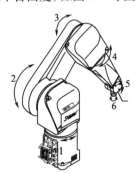

图 2-11　六自由度工业机械手

（2）精度。工业机械手精度是指定位精度和重复定位精度。定位精度是指机械手手部实际到达位置与目标位置之间的差异，用反复多次测试的定位结果的代表点与指定位置之间的距离来表示；重复定位精度是指机械手重复定位手部于同一目标位置的能力，以实际位置值的分散程度来表示。实际应用中常以重复测试结果的标准偏差值的 3 倍来表示，它是衡量一系列误差值的密集度。图 2-12 为工业机械手定位精度和重复定位精度图。

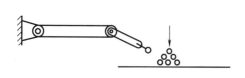

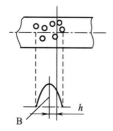

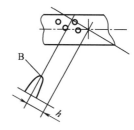

（a）重复定位精度的测定　　　　　　　（b）合理的定位精度，良好的重复定位精度

（c）良好的定位精度，较差的重复定位精度　　　（d）很差的定位精度，良好的重复定位精度

图 2-12　工业机械手定位精度和重复定位精度图

（3）工作范围。工作范围是指机械手手臂末端或手腕中心所能达到的所有点的集合，又称工作区域。因为末端操作器的形状和尺寸是多种多样的，为了真实地反映机械手的特征参数，一般工作范围是指不安装末端操作器的工作区域。工作范围的形状和大小是十分重要的，机械手在执行某作业时可能会因为存在手部不能到达的作业死区而不能完成任务，图 2-13 为某种工业机械手的工作范围示意图。

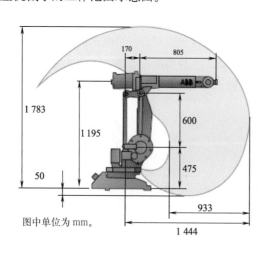

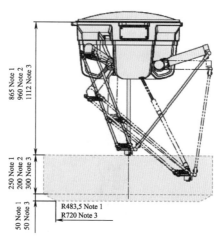

图 2-13　某种工业机械手的工作范围示意图

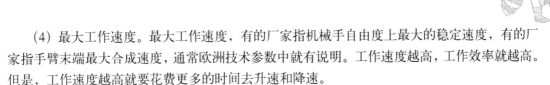

（4）最大工作速度。最大工作速度，有的厂家指机械手自由度上最大的稳定速度，有的厂家指手臂末端最大合成速度，通常欧洲技术参数中就有说明。工作速度越高，工作效率就越高。但是，工作速度越高就要花费更多的时间去升速和降速。

（5）承载能力。承载能力是指机械手在工作范围内的任何位置上所能承受的最大质量。承载能力不仅决定于负载的质量，而且与机械手运行的速度、加速度的大小和方向有关。为了安全起见，承载能力这一技术指标是指高速运行时的承载能力。承载能力不仅指负载，而且包括了机械手末端操作器的质量。

（6）原点。原点分为两种，分别是机械原点和工作原点。机械原点是指机械手各自由度共用的，机械坐标系中的基准点；工作原点是指机械手工作空间的基准点。

子任务三　了解三菱机械手控制器

工业机械手的"大脑"就是它的控制器，是决定工业机械手功能和性能的主要因素，直接影响到"手"动作是否"灵活、规范、精确"。

虽然我很胖，但我很灵活，你能像我一样练习各种高难度动作吗？

1. 认识三菱机械手控制器

三菱机械手控制器类型有：小型机械手使用的 CR1D，中型机械手使用的 CR2D 和CR3D，如图 2-14 所示。

(a) CR1D

(b) CR2D

(c) CR3D

图 2-14　三菱机械手控制器

本实训装置 RV-3SD 六自由度工业机械手上配置了 CR1D-721 控制器。

CR1D-721控制器主要参数规格：

记忆容量：示教位置数13 000点，STEP数26 000；　　程序连接语言：MELFA-BASICV；

位置示教方式：示教方式、MDI方式；　　　　　　　输入电压范围：单相AC 180~253 V；

接口：RS-232（计算机、视觉系统等扩张用）、Ethernet（T/B专用、客户用）、USB、抓手专用插槽（气动抓手I/F专用）、附加轴接口（SSCNE III）、扩张插槽（选配I/F安装用）。

2．三菱机械手控制器的开启与关闭

（1）三菱机械手控制器的开启。三菱机械手控制器 CR1D-721 在完成电源配线连接后，将开关置于 ON 后，经过约 15 s 操作盘的 LED 将点亮，正常启动下 STATUS NUMBER 部位将显示速度（0.100），如图 2-15 所示。

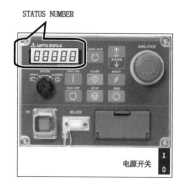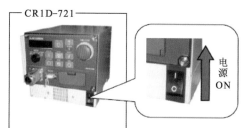

图 2-15　三菱机械手控制器的开启示意图

（2）三菱机械手控制器的关闭：

① 在机械手动作的状态下，按压操作盘或示教单元的停止键，停止机械手动作。

② 然后将程序文件关闭（处于程序编辑状态、示教作业状态时），按压示教单元的 F4 键（关闭）。注意：如果未进行关闭操作，程序将因不被保存而丢失。

③ 关闭伺服电源，按压操作盘"SVO OFF"按钮。

④ 控制电源开关 OFF。

3．操作盘界面使用

三菱机械手控制器 CR1D-721 各部位的示意图，如图 2-16 所示。各部位的名称及功能见表 2-6。

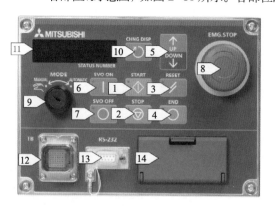

图 2-16　三菱机械手控制器 CR1D-721 各部位的示意图

表 2-6　三菱机械手控制器 CR1D-721 各部位的名称及功能

序　号	名　　称	功　　能
1	START 按钮	执行程序时按压此按钮（进行重复运行）
2	STOP 按钮	停止机械手时按压此按钮（不断开伺服电源）
3	RESET 按钮	解除当前发生中的错误时按压此按钮。此外，对执行中（中途停止的）程序进行复位，程序返回至起始处
4	END 按钮	将执行程序的结束（END）指令，停止程序运行。在使机械手的动作在一个循环结束后停止时使用此按钮（结束重复运行）
5	UP/DOWN 按钮	用于在 STATUS NUMBER 中进行程序编号选择及速度的上下调节设置
6	SVO ON 按钮	接通伺服电动机的电源
7	SVO OFF 按钮	断开伺服电动机的电源
8	EMG.STOP 急停开关	使机械手立即停止，或者断开伺服电源
9	MODE 切换开关	使机械手操作有效的选择开关，对通过示教单元、操作盘或者外部开关执行的动作进行切换
10	CHNG DISP 按钮	对显示菜单（STATUS NUMBER）按程序编号、行编号、速度的顺序进行切换显示
11	STATUS NUMBER 显示	进行程序编号、出错编号、行编号、速度的顺序进行显示
12	TB 连接器	用于连接示教单元的连接器
13	RS-232 连接器	用于连接控制器及个人计算机的专用连接器
14	USB 接口、电池	配备了用于与个人计算机连接的 USB 接口以及备份电池

4．三菱机械手控制器软件使用

（1）安装完 RT ToolBox2 Chinese Simplified 后可双击桌面图标，运行软件。或执行"开始"→"所有程序"→"MELSOFT Application"→"RT ToolBox2 Chinese Simplified"命令，运行软件。软件打开后界面如图 2-17 所示。

（2）执行"工作区"→"打开"命令，弹出图 2-18 所示对话框，单击"参照"按钮选择程序存储的路程，然后选中样例程序"robt"，再单击 OK 按钮。

程序打开后主窗口界面，如图 2-19 所示。

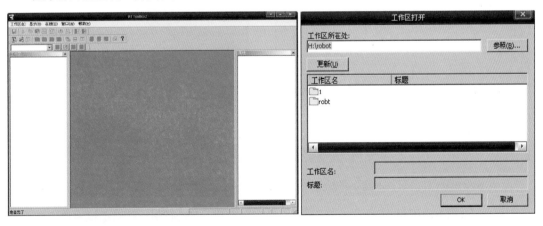

图 2-17　开启界面　　　　　　　　图 2-18　工作区打开界面

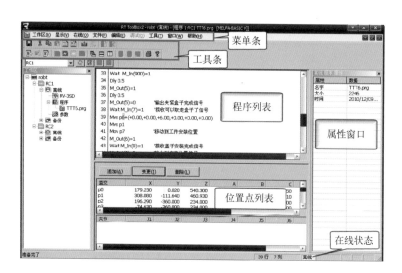

图 2-19　主窗口界面

（3）建立工程：

① 执行"工作区"→"新建"命令，在弹出的对话框中单击"参照"按钮选择工程存储的路径，在"工作区名"文本框中输入新建工程的名称，最后单击OK按钮完成，如图 2-20 所示。

② 在"工程编辑"对话框（见图 2-21）中"工程名"文本框中输入自定义的工程名。在"通信设定"中的"控制器"选择"CR1D-700"，"通信设定"选择当前使用的方式，若使用网络连接，请选择为"TCP/IP"并在"详细设定"中填写本控制器的 IP 地址。

在"机种名"中单击"选择"按钮，选择"RV-3SD"，最后单击 OK 按钮，保存参数。

图 2-20 "工作区的新建"界面

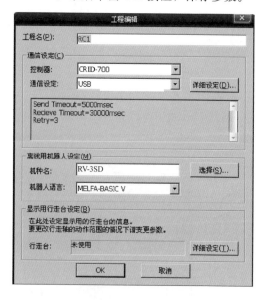

图 2-21 "工程编辑"对话框

③ 在"工作区"工程"RC1"下的"离线"→"程序"上右击，在弹出的对话框中单击"新建"按钮，弹出"新机器人程序"对话框（见图 2-22），在"机器人程序"后面输入程序名。最后单击 OK 按钮完成。

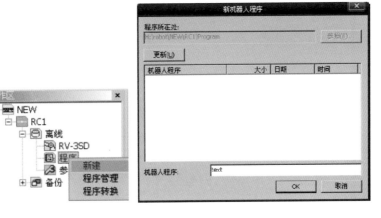

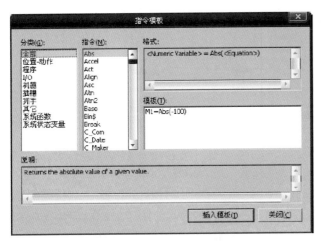

图 2-22　新建机器人程序界面

④　完成程序的建立后,在"程序编辑"区直接输入程序命令,或执行"工具"→"指令模板"命令,如图 2-23 所示。在"分类"中选择指令类型,在"指令"中选择合适的指令,则从"模板"文本框中就可以看到该指令的使用样例,以示参考。

指令输入完成后,在位置点编辑区单击"追加"按钮,增加新的位置点,在"位置数据的编辑"对话框(见图 2-24)中的"变量名"文本框中输入与程序中相对应的名字,对"类型"进行选择。如果无法确定具体数值,可单击 OK 按钮,先完成变量的添加,再用示教的方式进行编辑。

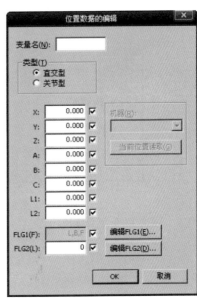

图 2-23　"指令模板"对话框　　　图 2-24　"位置数据的编辑"对话框

⑤　完成编辑后的程序如图 2-25 所示。此程序运行后将控制机器人在两个位置点之间循环移动。在各指令后以符号"'"开始输入的文字为注释,有助于对程序的理解和记忆,符号"'"在半角英文标点输入下才有效,否则程序会报错。

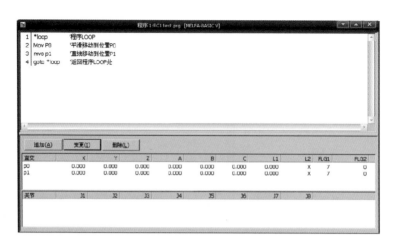

图 2-25   完成编辑后的程序

单击工具条中的"保存"按钮对程序进行保存,再单击"⚡"图标,进入模拟仿真环境。

在工作区中增加"在线"部分和一块模拟操作面板。在"在线"→"程序"上右击,选择"程序管理"命令,弹出"程序管理"界面,如图 2-26 所示。在"传送源"中选中"工程"单选按钮并选中工程,在"传送目标"中选中"机器人"单选按钮,单击下方的"复制"按钮,将工程内的"text.prg"工程复制到模拟机器人中,最后单击"关闭"按钮结束操作。

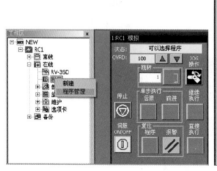

图 2-26   打开"程序管理"对话框

⑥ 双击在"工作区"的工程"RC1"→"在线"→"程序"下的"TXET",打开程序;双击在"工作区"的工程"RC1"→"在线"下的"RV-3SD",打开仿真机器人监视界面(见图 2-27)。在模拟操作面板上单击"JOG 操作"按钮,操作模式选择"直交"。在位置点编辑区先选中"P0",再单击"变量"按钮,然后在"位置数据的编辑"对话框中单击"当前位置读取"按钮,将此位置定义为 P0 点。单击各轴右侧的"-""+"按钮对位置进行调整,完成后将位置定义为 P1 点。完成后进行保存。

选择"调试状态下的打开"命令,此时模拟操作面板如图 2-28 所示。单击"OVRD"右侧的上、下调整按钮调节机器人运行速度,并在中间的显示框内显示。单击"单步执行"内的"前进"按钮,使程序单步执行,单击"继续执行"按钮则程序连续运行。

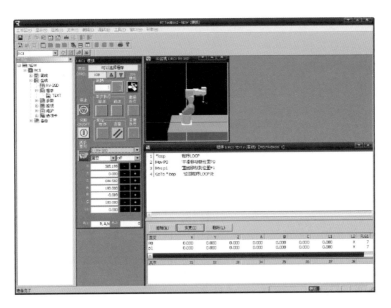

图 2-27　仿真机器人监视界面

图 2-28　模拟操作面板

⑦　对需要调试的程序段，可以在"跳转"内直接输入程序段号并单击图标直接跳转到指定的程序段内运行。

⑧　仿真运行完成后单击在线程序界面关闭的按钮并保存工程。然后将修改过的程序通过"工程管理"复制并覆盖到原工程中。

单击工具条中的"在线"按钮，连接到机器人控制器。之后的操作与模拟操作时相同，先将工程文件复制到机器人控制器中，再调试程序。

（4）在线操作。在工作区中右击"RC1"→"工程的编辑"，"工程编辑"对话框（USB 联机）如图 2-29 所示。

使用以太网联机时，在"通信设定"中选择"TCP/IP"方式，再单击"详细设定"按钮，如图 2-30

图 2-29　"工程编辑"界面

所示，在"IP 地址"文本框中输入机器人的 IP 地址（控制器上电后按 CHNG DISP 键，直到显示 No Message 时再按 UP 键，此时显示出控制器的 IP 地址）。同时设置计算机的 IP 地址在同一网段内且地址不冲突。

在菜单选项中选择"在线"命令，在"工程的选择"对话框（见图 2-31）中选择要连接在线的工程后单击 OK 按钮进行确定。

图 2-30 "TCP/IP 通信设定"对话框

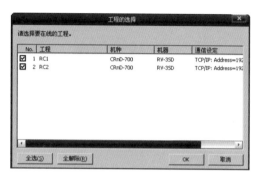

图 2-31 "工程的选择"对话框

连接正常后，工具条 及软件状态条中的图标 在线 会改变。

在工作区中双击工程"RC1"→"在线"→"RV-3SD"，弹出图 2-32 所示的在线监视界面。

在工具条中单击"面板的显示"按钮，在线监视界面左侧会显示图 2-32 所示的侧边栏。按"ZOOM"边上的上升、下降图标可对窗口中的机器人图像进行放大、缩小；按动"X 轴""Y 轴""Z 轴"边上的上升、下降图标可对窗口中的机器人图像沿各轴旋转。

图 2-32 在线监视界面

（5）工程的修改：

程序修改：打开样例工程后在程序列表中直接修改。

位置点修改：在位置点列表中选中位置点，再单击"变更"按钮，在弹出的对话框中（见图 2-33）可以直接在对应的轴数据文本框中输入数据，或者单击"当前位置读取"按钮，自动将各轴的当前位置数据记录下来，单击 OK 按钮后将位置数据进行保存。

5. 三菱机械手原点设置

使用三菱机械手控制器软件并联机，执行"在线"→"维护"→"原点数据"命令，如图 2-34 所示，单击"原点数据输入方式"按钮，输入与机器人本体内部标识一致的字符串（该字符串标识在机器人本体 J2 轴背部的外壳盖板内侧，需用内六角扳手打开盖板才能看到）。

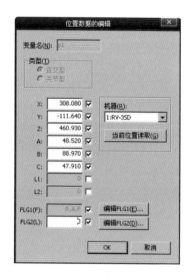

图 2-33 "位置数据编辑"界面

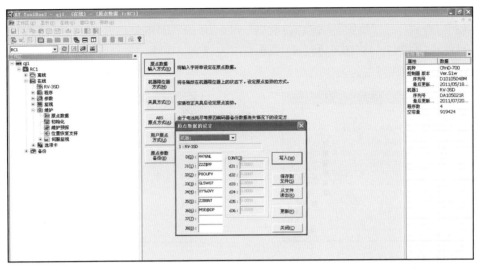

图2-34 原点数据输入方式

注意：此种原点输入方式只针对新的机器人有效，只要该机器人更换了编码器电池（本体内部的五只A6BAT），此种方式就无效了。

单击"写入"按钮，确定写入，确定重启控制器完成设置。

当机器人内部的电池电压低时，会使原点数据丢失，此时字符串输入方式设置无效，可以尝试其他原点设置方式,但必须先将机器人的各关节调节到机械原点位置(各关节的三角对准)。原点数据丢失时，往往出现无法用常规手动方式移动机器人，可以先尝试用常规手动方式操作机器人，看能不能将机器人各关节调节到机械原点位置，如果不行，此时有两种特殊方式可以将各关节调节到机械原点位置。

方式一：示教单元强制操作

控制器打到手动、示教单元 TB ENABLE按下、示教单元有效开关（背面三挡开关）按住，打开伺服、按JOG键、按FUNCTION键选择关节模式、同时按住RESET和CHARACTER键，这时可以按J1~J6的"+"、"-"控制关节，选择合适的速度，使关节的三角对准。

方式二：解除抱闸人工操作

控制器打到手动、示教单元 TB ENABLE按下，示教单元在主菜单下按F4进入"原点/抱闸"界面，按F2进入"解除抱闸"界面，默认J1~J6的解除抱闸参数都为"0"，按方向键选择需要解闸的关节，并将当前关节的参数改为"1"，这时按住示教单元有效开关（背面三挡开关）、同时按住F1不放，机器人当前关节就解除抱闸了，靠外力使机器人当前关节的三角对准。

当机器人的各关节调节到机械原点位置（各关节的三角对准）后，先进行一次"用户原点方式"设置操作，如图2-35所示，使用三菱机械手控制器软件并联机，执行"在线"→"维护"→"原点数据"命令，单击"用户原点方式"按钮，选中J1（0）、J2（0）、J3（90）、J4（0）、J5（0）、J6（0）复选框，单击"原点设定"按钮，确定写入、确定重启控制器完成设置。

接着再进行"ABS原点方式"设置操作，如图2-36所示，使用三菱机械手控制器软件并联机，执行"在线"→"维护"→"原点数据"命令，单击"ABS原点方式"按钮，选中J1（0）、J2（－90）、J3（170）、J4（0）、J5（4）、J6（0）复选框，单击"原点设定"按钮，确定写入、确定重启控制器完成设置。

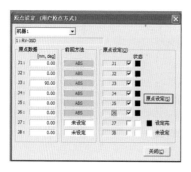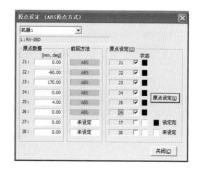

图2-35　"用户原点方式"设置操作　　　　图2-36　"ABS原点方式"设置操作

更换电池后的电池剩余时间初始化。使用三菱机械手控制器软件并联机，执行"在线"→"维护"→"初始化"命令，如图2-37所示，单击"电池剩余时间"处的"初始化"按钮。输入"YES"，单击OK按钮完成设置。

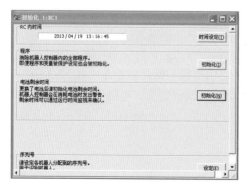

图2-37　电池剩余时间的初始化

机器人参数设置、常用控制指令等详尽的使用说明请参考配套光盘中《三菱机器人进修教程》与《机器人CRnQ CRnD控制器操作说明书》。

子任务四　了解三菱机械手示教单元

什么是示教？工业机械手与人之间是如何交流的呢？或者说人类怎么告诉工业机械手他们需要做什么呢？

1．示教的定义

人们要求机械手不仅能"不知疲倦"地进行简单重复工作，而且能作为一个高度柔性、开放并具有友好的人机交互功能的可编程、可重构制造单元融合到制造业系统中。这就要求机械手具有示教功能，即通过某一设备或方式实现对机械手作业任务的编程，这个过程就是机械手的示教过程。

现有的机械手示教方式可分为以下三类：

（1）示教再现方式。示教再现（teaching playback），又称直接示教，就是指通常所说的手把手示教，由人直接搬动机械手的手臂对机械手进行示教，如示教单元示教或操作杆示教等。

示教再现是机械手普遍采用的编程方式，典型的示教过程是依靠操作员观察机械手及其夹持工具相对于作业对象的位姿，通过对示教单元的操作，反复调整示教点处机械手的作业位姿、运动参数和工艺参数，然后将满足作业要求的这些数据记录下来，再转入下一点的示教。整个示教过程结束后，机械手实际运行时使用这些被记录的数据，经过插补运算，就可以再现在示教点上记录的机械手位姿。

这个功能的用户接口是示教单元键盘，操作者通过操作示教单元，向主控计算机发送控制命令，操纵主控计算机上的软件，完成对机械手的控制；其次示教单元将接收到的当前机械手运动和状态等信息通过液晶屏完成显示，如图 2-38 所示。示教单元通过线缆与主控计算机相连。

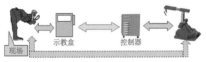

图 2-38　机械手示教再现方式流程控制简图

在这种示教方式中，示教盒是一个重要的编程设备，一般具备直线、圆弧、关节插补以及能够分别在关节空间和笛卡儿空间实现对机械手的控制等功能。

如果示教失误，修正路径的唯一方法就是重新示教。

> 机械手示教再现方式的特点：
> - 利用了机械手具有较高的重复定位精度优点，降低了系统误差对机械手运动绝对精度的影响，这也是目前机械手普遍采用这种示教方式的主要原因。
> - 要求操作者具有相当的专业知识和熟练的操作技能，并需要现场近距离示教操作，因而具有一定的危险性，安全性较差。
> - 示教过程烦琐、费时，需要根据作业任务反复调整机械手的动作轨迹姿态与位置，时效性较差。

（2）离线编程方式。基于 CAD/CAM 的机械手离线编程示教，是利用计算机图形学的成果，建立起机械手及其工作环境的三维模型，使用某种机械手编程语言，通过对图形的操作和控制，离线计算和规划出机械手的作业轨迹，然后对编程的结果进行三维图形仿真，以检验编程的正确性。最后在确认无误后，生成机械手可执行代码下载到机械手控制器中，用以控制机械手作业。控制简图如图 2-39 所示。

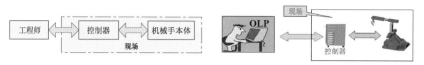

图 2-39　机械手离线编程方式流程控制简图

（3）基于虚拟现实方式。通过机械手遥控操作、虚拟现实、传感器信息处理等技术的进步，为准确、安全、高效的机械手示教提供了新的思路，为用户提供一种崭新和谐的人机交互操作环境的虚拟现实技术（Virtual Reality，VR）。

虚拟现实作为高端的人机接口，允许用户通过声、像、力以及图形等多种交互设备实时地与虚拟环境交互。根据用户的指挥或动作提示，示教或监控机械手进行复杂的作业，利用虚拟现实技术进行机械手示教是机器人学中新兴的研究方向。

2．认识三菱机械手示教单元

RV-3SD 六自由度工业机械手配置了 R32TB 示教单元。R32TB 示教单元正反面示意图，如图 2-40 所示。R32TB 主要用于执行程序的六自由度工业机械手生成、修正、管理及动作位置的示教、JOG FEED 等。为了安全使用，装配有一个 3-position enable 开关。在使用多个机械手的情况下，可以使用一台示教单元去替换连接各个机械手。但是，请在电源切断状态下做替换连接。

R32TB示教单元基本参数规格：
连接方法：以控制器和角形接头（24引脚）连接；　　通信协议：RS-422；
显示方法：24文字×8行LCD照明方式；　　　　　　操作键：36键（按键功能见表2-7）。

（a）正面

（b）反面

图 2-40　R32TB 示教单元正反面示意图

表 2-7 示教单元按键名称及功能

序号	名　称	功　能
1	ENABLE/DISABLE	使示教单元的操作有效、无效的选择开关
2	EMG.STOP 急停开关	使机械手立即停止的开关（断开伺服电源）
3	STOP 按钮	使机械手减速停止，如果按压启动按钮，可以继续运行（未断开伺服电源）
4	显示屏	显示示教单元的操作状态
5	状态指示灯	显示示教单元及机械手的状态（电源、有效/无效、伺服状态、有无错误）
6	F1/F2/F3/F4 键	执行功能显示部分的功能
7	FUNCTION 功能键	进行各菜单中的功能切换，可执行的功能显示在界面下方
8	SERVO 伺服 ON 键	如果在握住有效开关的状态下按压此键，将进行机械手的伺服电源供给
9	MONITOR 监视键	变为监视模式，显示监视菜单，如果再次按压，将返回至前一个界面
10	EXE 执行建	确定输入操作
11	RESET 复位键	对发生中的错误进行解除
12	有效开关	示教单元有效时，使机械手动作的情况下，在握住此开关的状态下，操作将有效

师傅，讲了这么多的按键，功能太多了，我想来操作一下示教单元！

让我们一起左三圈，右三圈，脖子扭扭，来做运动操！

3. JOG 操作

（1）JOG 操作模式。使用示教单元以手动方式使机械手动作，JOG 操作中有三种模式（见表 2-8）。按压 JOG 键后，JOG 画面上显示机械手的当前位置、JOG 模式、速度等。

表 2-8 JOG 操作的三种模式

模式名称	操作方式	屏幕显示
关节 JOG 模式选择	如果按压"关节"显示的功能键，在屏幕上部将显示所有关节	〈当前位置〉关节　100% P1 J1: 0.00　J5: 0.00 J2: 0.00　J6: 0.00 （单位：deg） J3: 90.00 J4: 0.00 直交　工具　JOG　3轴直交　圆筒　⇒
直交 JOG 模式选择	按压"3轴直交"显示的功能键后，将在屏幕上部显示直交	〈当前位置〉直交　100% P1 X : 595.36　A : 179.97 Y : -48.71　B : 89.88 （单位：mm deg） Z : 807.76　C : 179.97 FL1 : 00000007　FL2:00000000 关节　工具　JOG　3轴直交　圆筒　⇒
工具 JOG 模式选择	按压"工具"显示的功能键后，将在屏幕上部显示工具	〈当前位置〉工具　100% P1 X : 595.36　A : 179.97 Y : -48.71　B : 89.88 （单位：mm deg） Z : 807.76　C : 179.97 FL1 : 00000007　FL2:00000000 关节　工具　JOG　3轴直交　圆筒　⇒

（2）JOG 操作的速度设置：

提高速度：按压"OVRD↑"键，速度显示的数值将变大。

降低速度：按压"OVRD↓"键，速度显示的数值将变小。

JOG 操作的速度在 Low～100% 的范围内进行设置，见表 2-9。

Low 及 High 变为恒定尺寸行进，每按压按键一次，机械手将进行一定量的动作。移动量根据不同机械手而有所不同。

表 2-9　JOG 操作的速度设置等级

Low	High	3%	5%	10%	30%	50%	70%	100%	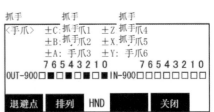
←"OVRD↓"键				"OVRD↑"键 →					

（3）关节 JOG 模式下的动作。在握住位于示教单元内侧的有效开关的状态下，按压 SERVO 键，将伺服电源置于 ON。如果按压 J1 键，在按压期间机械手的 J1 轴将执行（正或负方向）动作。

4．抓手的操作

抓手的开合是通过示教单元进行操作的。对抓手及示教位置的关系进行确认，进行抓手控制时，按压抓手键，显示抓手操作界面，如图 2-41 所示。

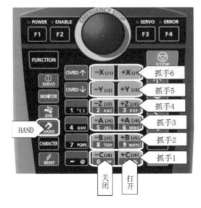

图 2-41　抓手操作按钮和界面

（1）抓手操作界面：

OUT-900：显示抓手控制用的电磁阀的输出信号。

IN-900：显示抓手开合传感器的状态。

输入／输出（I/O）抓手开合状态，见表 2-10。

表 2-10　输入／输出（I/O）抓手开合状态

OUT-900～OUT-907	7	6	5	4	3	2	1	0
开／闭	闭	开	闭	开	闭	开	闭	开
手抓编号	4		3		2		1	
输入信号编号	907	906	905	904	903	902	901	900

（2）抓手 1 的打开操作：按压 +C（J6 键）。

（3）抓手 1 的关闭操作：按压 −C（J6 键）。

（4）抓手 2 ～抓手 6 的开合操作：

① 对于抓手 2，按压 +B(J5) 键将打开；按压 −B(J5) 键将关闭。

② 对于抓手 3，按压 +A(J4) 键将打开；按压 −A(J4) 键将关闭。

③ 对于抓手 4，按压 +Z(J3) 键将打开；按压 −Z(J3) 键将关闭。

④ 对于抓手 5，按压 +Y(J2) 键将打开；按压 −Y(J2) 键将关闭。

⑤ 对于抓手 6，按压 +X(J1) 键将打开；按压 −X(J1) 键将关闭。

（5）方便的抓手排列。希望对抓手的姿势进行正上及正下、横向排列时使用。当抓手的位置接近于正下方向时进行正上排列；接近于正上方向时进行正下排列。

① 在轻握住有效开关的同时，按压 SERVO 键，进行伺服 ON。

② 在保持轻握有效开关不变的情况下，按压抓手键，显示抓手操作界面。

③ 在保持轻握有效开关不变的情况下，持续按压排列分配的功能键。

④ 在持续按压键的期间，手腕动作，进行抓手排列。

作为初学者，一定先熟练地使用示教单元，也要当心误操作。另外，设备出错时要能马上用示教单元进行正确调整！

子任务五　了解机械手抓手

机械手的手部就像人手一样，能够灵活运动关节，能够抓取各种各样的物品，但是机械手的手部由于抓取的工业用品的形状、材料、质量等因素不一样，所以机械手手部都是根据所抓物品来单独量身定做的。

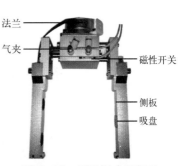

机械手的手部有的像人手一样，也有的千奇百怪，但它们都设计的有效合理，能完成抓取动作。

THMSRB–3 型工业机械手与智能视觉系统应用实训平台实训装置的手部（末端执行器）安装了一个抓手，用来抓取物件和更换工装，如图 2–42 所示。

法兰
气夹
磁性开关
侧板
吸盘

图 2–42　抓手组成示意图

1. 手部机构

机械手的手部（又称抓手）是最重要的执行机构，从功能和形态上看，它可分为工业机械手的手部和仿人机械手的手部。常用的手部机构按其握持原理可以分为夹持类和吸附类两大类，图 2–43 所示是这两大类手部的应用。

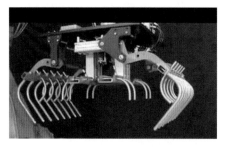
(a) 码垛夹持料袋手部

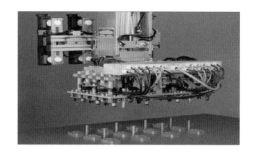
(b) 吸取玻璃手部

图 2-43　两大类手部的应用

（1）夹持类。夹持类手部除常用的夹钳式外，还有脱钩式和弹簧式。此类手部按其手指夹持工件时的运动方式不同又可分为手指回转型和指面平移型。

夹钳类手部机构是工业机械手最常用的一种手部形式，一般夹钳类手部机构（见图 2-44）由手指、传动机构、驱动装置和支架等组成。

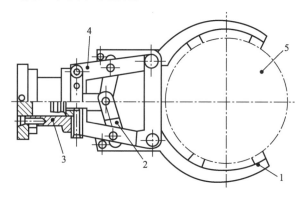

图 2-44　夹钳类手部机构的组成

1—手指；2—传动机构；3—驱动装置；4—支架；5—工件

① 手指：它是直接与工件接触的构件。手部松开和夹紧工件，就是通过手指的张开和闭合来实现的。一般情况下，机械手的手部只有两个手指，少数有三个或多个手指。它们的结构形式常取决于被夹持工件的形状和特性（见图 2-45）。

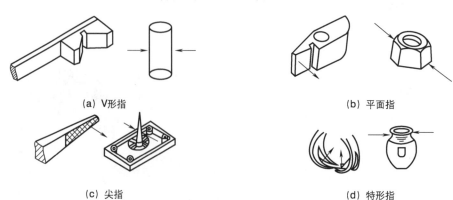

(a) V形指　　　　　　　　　　　　　　　(b) 平面指

(c) 尖指　　　　　　　　　　　　　　　(d) 特形指

图 2-45　手指与被夹物件的形状与特性关系

根据工件形状、大小及其被夹持部位材质软硬、表面性质等的不同，手指的指面有光滑指面、齿形指面和柔性指面三种形式。夹持金属材料的抓手分类如图 2-46 所示。

手指材料选用恰当与否，对机械手的使用效果有很大的影响。对于夹持类手部，其手指材料可选用一般碳素钢和合金结构钢。

② 传动机构：它是向手指传递运动和动力，以实现夹紧和松开动作的机构。

③ 驱动装置：它是向传动机构提供动力的装置，按驱动方式不同有液压驱动、气动驱动和电动机驱动之分。

④ 支架：使手部与机械手的腕或臂相连接。

(a) 平行抓　　　(b) 三抓平行抓　　　(c) 角抓　　　(d) 钣金抓

图 2-46　夹持金属材料的抓手分类

（2）吸附类：

① 气吸式。气吸式手部是工业机械手常用的一种吸持工件的装置。它由吸盘（一个或几个）、吸盘架及进排气系统组成（见图 2-47），具有结构简单、质量小、使用方便可靠等优点。广泛应用于非金属材料（如板材、纸张、玻璃等物体）或不可有剩磁的材料的吸附。

气吸式手部的另一个特点是对工件表面没有损伤，且对被吸持工件预定的位置精度要求不高；但要求工件上与吸盘接触部位光滑平整、清洁，被吸工件材质致密，没有透气空隙。

气吸式手部是利用吸盘内的压力与大气压之间的压力差而工作的。按形成压力差的方式，可分为真空气吸、气流负压气吸、挤压排气负压气吸。

图 2-47　气吸吸盘

② 磁吸式。磁吸式手部是利用永久磁铁或电磁铁通电后产生的磁力来吸持工件的，其应用较广。磁吸式手部与气吸式手部相同，不会破坏被吸收表面质量，电磁吸盘如图 2-48 所示。

磁吸式手部比气吸式手部优越的方面是：有较大的单位面积吸力，对工件表面粗糙度及通孔、沟槽等无特殊要求。

图 2-48　电磁吸盘

2. 仿人手的机械手的手部

目前，大部分工业机械手的手部只有两个手指，而且手指上一般没有关节。因此取料不能适应物体外形的变化，不能使物体表面承受比较均匀的夹持力，因此无法满足对复杂形状、不同材质的物体实施夹持和操作。图 2-49 所示为仿人手机械手的的动作，可以拿饼干、薯片，点火柴，拿灯泡、乒乓球等。

为了提高机械手手部和手腕的操作能力、灵活性和快速反应能力，使机械手能像人手一样进行各种复杂的作业，就必须有一个运动灵活、动作多样的灵巧手，即仿人手。每个手指的关节通常通过钢丝绳、记忆合金、人造肌纤维驱动。

有了像人一样的"手指"，就可以做里多细致精确的动作了！它也可以心灵手巧了！

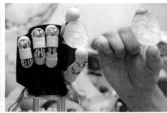

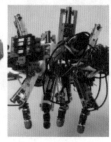

图 2-49　仿人手的机械手的动作

多指机械手主要有柔性手和多指灵活手两种，如图 2-50 所示。

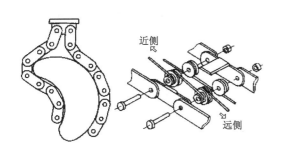

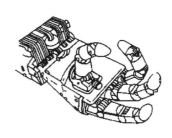

(a) 多关节柔性手　　　　　　(b) 三指灵活手　　　　(c) 四指灵活手

图 2-50　柔性手和多指灵活手

多指灵活手绝大多数采用了电动机驱动，部分采用了气压驱动和形状记忆合金等驱动方式，少数采用了一些新型的驱动技术，如压电陶瓷驱动、可伸缩性聚合体驱动等。驱动形式多数都是通过旋转型驱动器或直线型驱动器带动腱传动系统进行手指关节的远距离驱动。

多指机械手驱动方式特点及典型案例，见表 2-11。

表 2-11　多指机械手驱动方式特点及典型案例

驱动方式	特　点	图　片	典　型　案　例
形状记忆合金	具有速度快、带负载能力强等优点，但是它存在着易疲劳、使用寿命短以及耗电较大等问题		日本在 1984 年研制成功的 Hitachi 手。它采用一种能记住自身形状的合金，在其发生永久变形后，若将其加热到某一温度，它能够恢复变形前的形状
气压驱动	能量存储方便，传动介质空气来源于大气，易于获取，并具有柔性；抗燃、防爆及不污染环境		美国麻省理工学院和犹他大学于 1980 年联合研制成功的 Utah/MIT 手。手指关节采用气动伺服缸作为驱动元件，由绳索（腱）和滑轮进行远距离传动。气动肌肉是近年来发展的热点，虽然气动肌肉驱动器的体积不大，但是输出力很大
电动机驱动	从电动机的静态刚度、动态刚度、加速度、线性度、维护性、噪声等技术指标来看，电动机驱动的综合性能比气压驱动和液压驱动要好		2000 年美国国家航空宇航局约翰逊空间中心研制的 NASA 多指灵活手用于国际空间站上进行舱外作业。NASA 手由 1 个安装了 14 个电动机和 12 个分离的驱动控制电路板的前臂、1 个 2 自由度手腕和 12 个自由度的五指手组成，共 14 个自由度

知识、技术归纳

了解工业机械手的基本构成、分类和应用，认识和使用三菱机械手控制器和示教单元，正确操作按键，在 JOG 操作和手动操作下进行必要的测试。了解机械手专业抓手，在各行各业的特殊应用和人性化设计。

对于初学者，一定要掌握工业机械手的基本使用，先从操作控制和示教单元开始。在操作过程也难免出现故障，需查阅配套光盘《机器人 CRnQ/CRnD 控制器操作说明书》手册，查明报警信息、原因和对策。

▶ 任务二 认识传感器

 任务目标

1. 掌握光电式传感器、电容式传感器、磁性传感器和光纤传感器的结构、特点及电气接口特性；

2. 会各种传感器的安装与调试。

> 工业机械手和人一样，五官非常重要，所有的信息来源都要靠它们，我来归纳一下它的"五官"！

"人"要从外界获取信息，就必须借助于感觉器官，人有眼睛（视觉）、耳朵（听觉）、鼻子（嗅觉）、舌头（味觉）、皮肤（触觉）等。工业机械手也要用"五官"来获取生产活动中的大量信息，传感器是人类五官的延伸，又称"电五官"。

传感器能感受到被测量的信息，并能将检测感受到的信息，按一定规律变换成电信号或其他所需形式的信息输出，以满足信息的传输、处理、存储、显示、记录和控制等要求，它是当今控制系统中实现自动化、系统化、智能化的首要环节。THMSRB-3 型工业机械手与智能视觉系统应用实训平台实训装置主要用到了光电式传感器、电容式传感器、磁性传感器、光纤传感器等几种，见表 2-12。

表 2-12 实训装置用到的传感器

名　称	图　片	型　号	用　途
光电反射式传感器		E3Z-LS61	检测供料单元是否有料
光电对射式传感器		WS/WE100-N1439	检测是否有物料通过传送带
电容式传感器		CLG5-1K	检测工件盒送料机构是否有盒
磁性传感器		CS-9D	检测气缸是否工作到位
光纤传感器		E3X-ZD11	检测抓手前是否有工件

1．光电式传感器的使用

THMSRB-3 型工业机械手与智能视觉系统中使用的光电反射式传感器在四个料库的侧面检测有无工件，光电对射式传感器在传送带上作为机械手跟踪起点，如图 2-51 所示，工作示意图如图 2-52 所示。

（a）光电反射式传感器

（b）光电对射式传感器

图 2-51　设备上的光电式传感器

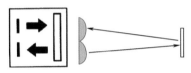

（a）光电反射式传感器工作示意图

（b）光电对射式传感器工作示意图

图 2-52　光电式传感器工作示意图

光电反射式传感器是通过把光强度的变化转换成电信号的变化来实现检测物体有无接近开关；集发射器和接收器于一体，当有被检测物体经过时，将光电开关发射器发射的足够量的光线反射到接收器，于是光电开关就产生了开关信号。其原理图如图 2-53 所示。

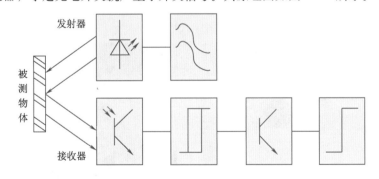

图 2-53　光电反射式传感器原理图

光电对射式传感器也是发射端发出红光或红外线，接收端接收。发射器和接收器由于不是一体的，当有工件通过接收器时，光线切断，才输出信号，如图 2-54 所示。无工件通过，接收器后黄色指示灯有信号；有工件通过时，接收器后黄色指示灯没有信号。

由于光的发散性，发射部分发射出去的光束并不是一条直线，而是呈发散状的，在距离发射部分较远处可能光斑就变得比较大。因此，光电对射式传感器安装，尤其是多个传感器同时安装且距离较近时，要注意传感器的安装方式，以防止传感器之间的互相干扰。

（a）无工件通过　　　　　　　　　　　（b）有工件通过

图 2-54　光电对射式传感器工作示意图

　　光电式传感器有三根连接线（棕、蓝、黑），棕色线接电源正极、蓝色线接电源负极、黑色线为输出信号，如图 2-55 所示。当与挡块接近时输出电平为低电平，否则为高电平。

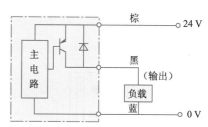

图 2-55　光电式传感器连接图

　　在光电式传感器布线过程中要注意环境条件，比如强光源、镜面角度、背景物等，不要被阳光或其他光源直接照射。严禁用稀释剂等化学物品，以免损坏塑料镜。高压线、动力线和光电式传感器的配线不应放在同一配线管或用线槽内，否则会由于感应而造成（有时）光电开关的误动作或损坏，所以原则上要分别单独配线。

2. 电容式传感器的使用

　　THMSRB-3 型工业机械手与智能视觉系统中使用的电容式传感器，安装在设备上工件盒盖的出盒和出盖平台的底部，如图 2-56 所示。

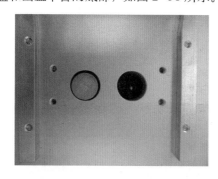 

图 2-56　设备上的电容式传感器

　　电容式接近开关亦属于一种具有开关量输出的位置传感器，它的测量头通常构成电容器的一个极板，而另一个极板是物体的本身，当物体移向接近开关时，物体和接近开关的介电常数发生变化，使得和测量头相连的电路状态也随之发生变化，由此便可控制开关的接通和断开。这种接近开关检测的物体，并不限于金属导体，也可以是绝缘的液体或粉状物体，在检测较低介电常数的物体时，可以顺时针调节多圈电位器（位于开关后部）来增加感应灵敏度，一般调节电位器使电容式接近开关在 $0.7 \sim 0.8S_n$（S_n 表示工作距离）的位置动作。其工作原理图如图 2-57 所示。

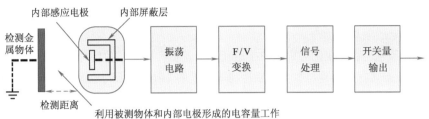

图 2-57　电容式接近开关工作原理图

电容式传感器检测各种导电或不导电的液体或固体，检测距离为 1～8 mm（接线注意：棕色线接电源正极、蓝色线接电源负极、黑色线为输出信号，同光电式传感器相同）。

电容式传感器的优点：结构简单、价格便宜、灵敏度高、零磁滞、真空兼容、过载能力强、动态响应特性好和对高温、辐射、强振等恶劣条件的适应性强等。

电容式传感器的缺点：输出有非线性、寄生电容和分布电容对灵敏度和测量精度的影响较大、电路连接较复杂等。

3. 磁性传感器的使用

THMSRB-3 型工业机械手与智能视觉系统中使用的磁性传感器，两个安装在设备抓手上，用于检测抓手是否抓紧或松开（见图 2-58）；另外，在四个供料单元上用推料气缸和两个料盒料盖仓用推料气缸的位置检测也是磁性传感器（见图 2-59）。

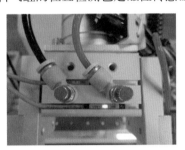

（a）左边有信号代表抓紧

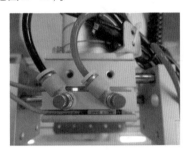

（b）右边有信号代表松开

图 2-58　抓手上的磁性开关

图 2-59　推料气缸上的磁性开关

磁性传感器适用于气动、液动、气缸和活塞泵的位置检测亦可作限位开关用，当磁性目标接近时，舌簧闭合，经放大输出开关信号，与电感式传感器比较有以下优点：能安装在金属中、可并排紧密安装、可穿过金属进行检测。其检测的距离随检测体磁场强弱的变化而变化。磁性传感器不适合强烈振动的场合。

　　磁性传感器通过磁场变化对簧管产生通断，于是就产生了开关信号，由于其体积小巧，常用在气缸上，检测气缸是否到位。当有磁性物质接近图 2-60 所示的磁性传感器时，传感器动作，并输出开关信号。在实际应用中，在被测物体上，如在气缸的活塞（或活塞杆）上安装磁性物质，在气缸缸筒外面的两端位置各安装一个磁性开关，就可以用这两个传感器分别标识气缸运动的两个极限位置。

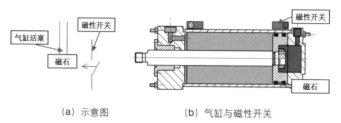

（a）示意图　　　　　　　（b）气缸与磁性开关

图 2-60　磁性传感器的动作原理

　　磁性开关的内部电路如图 2-61 点画线框内所示，如采用共阴接法，棕色线接 PLC 输入端，蓝色线接公共端，否则可能烧毁磁性开关。

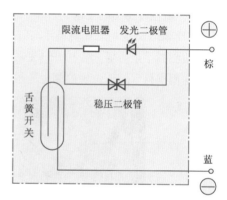

　　当负载为电感性负载（如继电器、电磁阀）时，请在负载端并联保护元件，如此可延长磁性开关使用寿命。应尽量远离强磁场或周边有导磁金属的环境，以避免干扰。

　　当负载为电容性负载或电线长度在 10 m 以上时，请串联一个电感器（560～1 000 μH），电感器尽量靠近磁性开关处，如此可确保磁性开关的正常动作。

图 2-61　磁性开关的内部电路与接线

4. 光纤传感器的使用

　　THMSRB-3 型工业机械手与智能视觉系统中使用的光纤传感器，安装在设备机械手本体上，光纤放大器在顶部，光纤检测头在抓手顶尖，如图 2-62 所示。

（a）光纤放大器　　　　　　　（b）光纤检测头

图 2-62　机械手本体上的光纤传感器

　　光纤传感器的基本工作原理是将来自光源的光经过光纤送入调制器，使待测参数与进入调制区的光相互作用后，导致光的光学性质（如光的强度、波长、频率、相位、偏正态等）发生变化，称为被调制的信号光，在经过光纤送入光探测器，经解调后，获得被测参数。光纤传输方式有阶跃光纤和渐变光纤，如图2-63所示。

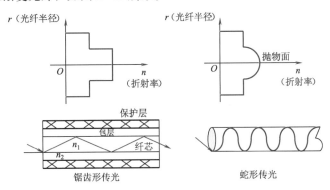

（a）阶跃光纤 （b）渐变光纤

图 2-63 光纤传感器传输方式

安装光纤传感器，先将光纤检测头固定好，再把光纤放大器安装在机械手臂的导轨上，然后将光纤检测头尾端的两条光纤分别插入放大器的两个光纤孔，再根据图2-64所示的引线颜色进行电气接线，注意光纤传感器有三根连接线（棕、蓝、黑），棕色线接电源正极、蓝色线接电源负极、黑色线为输出信号。

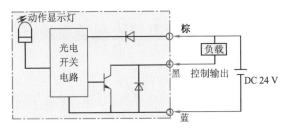

图 2-64 光纤传感器的结构接线图

光纤传感器如何调节？根据图2-65光纤传感器的实物图及局部功能示意图，使用螺丝刀来调整传感器灵敏度，调节旋转灵敏度高速旋钮就能进行传感器灵敏度调节。调节时，会看到"入光量显示灯"发光的变化。在检测距离固定后，当白色工件出现在光纤检测头下方时，"动作显示灯"亮，提示检测到工件；当黑色工件出现在光纤检测头下方时，"动作显示灯"不亮，这个光纤传感器调试完成。

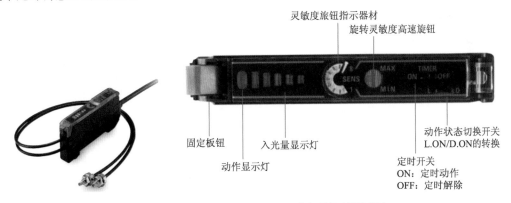

（a）实物图 （b）局部功能示意图

图 2-65 光纤传感器的实物图及局部功能示意图

光纤传感器能够在人达不到的地方（如高温区或者对人有害的地区，如核辐射区），起到人的耳目作用，而且还能超越人的生理界限，接收人的感官所感受不到的外界信息。但在一些尘埃多、容易接触到有机溶剂及需要较高性价比的应用中，实际上可以选择使用其他一些传感器来代替，如电容式传感器、电涡流式传感器。

 知识、技术归纳

各种类型的传感器在设备运行时给出正确的信号，但往往设备不能正常工作了，有时也是因为传感器安装不到位、灵敏度欠缺、器件损坏等原因引起的，只有"眼疾"才能"手快"，因而在进行设备整体调试之前，一定要把传感器调试成功。

 **工程创新素质培养**

查阅 THMSRB-3 型工业机械手与智能视觉系统中涉及的传感器的产品手册，说明每种传感器的特点，你明白了本实训设备为何选择这些传感器吗？你想如何选择？安装中有哪些注意事项？

▶ 任务三 认识智能视觉系统

 任务目标

1. 了解机器视觉技术在工业生产中的作用和应用；
2. 掌握欧姆龙 FZ4 系列智能视觉系统的组成；
3. 了解欧姆龙 FZ4 系列智能视觉系统各组成部分的种类、型号、性能、特点。

现代化企业工业机械手如何准确地配合自动线完成抓取、焊接、装配等功能？工业机械手如何快速准确地识别产品的颜色、编号、形状、高度、角度等参数？家庭机械手如何按照主人指令完成家务劳动？这些都归功于机器视觉技术的发展与应用。

用于指引机器人在一定范围内进行操作和行动。

师傅，机器视觉起什么作用呢？

机器视觉系统是如何进行工作的呢？通常，机器视觉系统采用照相机将被检测的目标转换成图像信号，传送给专用的图像处理系统，根据像素分布、亮度、颜色等信息，将其转变成数字化信号，图像处理系统对这些信号进行各种运算来抽取目标的特征，如面积、数量、位置、长度，再根据预设的允许度和其他条件输出结果，包括尺寸、角度、个数、合格/不合格、有/无等，实现自动识别功能。

机器视觉系统的主要功能有检测、定位及测量。机器视觉系统相对于人工或传统机械方式而言，具有速度快、精度高、准确性高等一系列优点，机器视觉被称为自动化的眼睛，在国民经济、科学研究及国防建设等领域都有着广泛的应用。机器视觉技术的应用主要有检测和机器人视觉两个方面。在工业机械手领域，机器视觉技术大显身手，机器视觉技术正在与工业机械手、运动控制技术越来越紧密地结合，成为自动化领域内不可或缺的技术链环。

例如：高精度贴片机是表面贴装(Surface Mount Technology,SMT)生产设备的关键环节，它通过定位装置识别定位电路板标记点及待贴装元件，并自动将表面贴装元件放置于电路板上的预定位置，以高效率、高精度地完成电路板贴装工作，在 MEMS、MOEM 和三维封装等高精度表明贴装的工作场合有着广泛的应用。高精度贴片机的关键技术之一是视觉定位系统的设计及实现，即采用先进的视觉检测和定位技术，配合多贴片头和多吸嘴等机械装置达到快速准确贴装的目的，如图 2-66 所示。

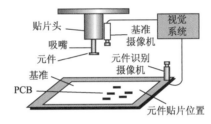

(a) 实物图　　　　　　　　(b) 构成示意图

图 2-66　高精度贴片机上的智能视觉系统

随着自动化行业的飞速发展，近些年机器视觉逐渐成为崛起的新兴行业。在一些不适合于人工作业的危险工作环境或人工视觉难以满足要求的场合，常用机器视觉来替代人工视觉；同时在大批量工业生产过程中，用人工视觉检查产品质量效率低且精度不高，用机器视觉检测方法可以大大提高生产效率和生产的自动化程度。机器视觉对于提高生产的柔性和自动化程度，起到了积极的作用。

THMSRB-3 型工业机械手与智能视觉系统应用实训平台上采用欧姆龙 FZ4-350 智能视觉检测系统，用于检测工件的特性，如数字、颜色、形状等，并对装配效果进行实时检测操作。通过以太网总线连接到机械手控制器，对检测结果和检测数据进行传输。欧姆龙智能视觉系统（见图 2-67）由 FZ4-350 控制器、FZ-SC 彩色摄像机、白色光源、12 英寸液晶显示器和输入/输出电缆等组成。

(a) FZ4-350控制器　　　　　　　(b) FZ-SC彩色摄像机

图 2-67　欧姆龙智能视觉系统组成

第二篇　项目备战——工业机械手与智能视觉系统的核心技术

51

FZ4 系列控制器分为四核处理高速控制器、高速控制器、标准控制器、Lite 控制器等类型，FZ-350 控制器属于 Lite 控制器，FZ4 系列控制器种类及特点见表 2-13。

表 2-13　FZ4 系列控制器种类及特点

项目			描述	高级处理项目	照相机个数	输出	型号	备注
FZ4系列控制器		四核处理高速控制器	液晶显示一体型控制器	有	2	NPN	FZ4-H1100	带点触笔
						PNP	FZ4-H1105	
					4	NPN	FZ4-H1100-10	
						PNP	FZ4-H1105-10	
			BOX 型控制器		2	NPN	FZ4-H1150	—
						PNP	FZ4-H1155	
					4	NPN	FZ4-H1150-10	
						PNP	FZ4-H1155-10	
			液晶显示一体型控制器	无	2	NPN	FZ4-1100	带点触笔
						PNP	FZ4-1105	
					4	NPN	FZ4-1100-10	
						PNP	FZ4-1105-10	
			BOX 型控制器		2	NPN	FZ4-1150	—
						PNP	FZ4-1155	
					4	NPN	FZ4-1150-10	
						PNP	FZ4-1155-10	
		高速控制器	液晶显示一体型控制器	有	2	NPN	FZ4-H700	带点触笔
						PNP	FZ4-H705	
					4	NPN	FZ4-H700-10	
						PNP	FZ4-H705-10	
			BOX 型控制器		2	NPN	FZ4-H750	—
						PNP	FZ4-H755	
					4	NPN	FZ4-H750-10	
						PNP	FZ4-H755-10	
			液晶显示一体型控制器	无	2	NPN	FZ4-700	带点触笔
						PNP	FZ4-705	
					4	NPN	FZ4-700-10	
						PNP	FZ4-705-10	
			BOX 型控制器		2	NPN	FZ4-750	—
						PNP	FZ4-755	
					4	NPN	FZ4-750-10	
						PNP	FZ4-755-10	
		标准控制器	液晶显示一体型控制器	有	2	NPN	FZ4-H600	带点触笔
						PNP	FZ4-H605	
					4	NPN	FZ4-H600-10	
						PNP	FZ4-H605-10	
			BOX 型控制器		2	NPN	FZ4-H650	—
						PNP	FZ4-H655	
					4	NPN	FZ4-H650-10	
						PNP	FZ4-H655-10	

项目		描述	高级处理项目	照相机个数	输出	型号	备注
FZ4系列控制器	标准控制器	液晶显示一体型控制器	无	2	NPN	FZ4-600	带点触笔
					PNP	FZ4-605	
				4	NPN	FZ4-600-10	
					PNP	FZ4-605-10	
		BOX 型控制器		2	NPN	FZ4-650	—
					PNP	FZ4-655	
				4	NPN	FZ4-650-10	
					PNP	FZ4-655-10	
	Lite 控制器	BOX 型控制器	无	2	NPN	FZ4-L350	—
					PNP	FZ4-L355	
				4	NPN	FZ4-L350-10	
					PNP	FZ4-L355-10	

欧姆龙FZ4系列控制器种类真多啊，不知道智能视觉系统照相机有哪些种类可供挑选呢？

　　FZ 系列智能视觉系统照相机分为数码照相机、高速照相机、小型数码照相机、智能袖珍照相机、智能照相机、自动对焦照相机等种类，FZ-SC 摄像机属于数码照相机，FZ 系列智能视觉系统照相机种类及特点见表 2-14。

表 2-14　FZ 系列智能视觉系统照相机种类及特点

项　目		描　述	颜　色	型　号	备　注
照相机	数码照相机	500 万像素	彩色	FZ-SC5M2	需要镜头
			黑白	FZ-S5M2	
		200 万像素	彩色	FZ-SC2M	
			黑白	FZ-S2M	
		30 万像素	彩色	FZ-SC	
			黑白	FZ-S	
	高速照相机	30 万像素	彩色	FZ-SHC	
			黑白	FZ-SH	
	小型数码照相机	30 万像素平板型	彩色	FZ-SFC	需要小型照相机用镜头
			黑白	FZ-SF	
		30 万像素笔式	彩色	FZ-SPC	
			黑白	FZ-SP	
	智能袖珍照相机	窄视野	彩色	FZ-SQ010F	照相机＋手动对焦镜头＋高能照明
		标准视野	彩色	FZ-SQ050F	
		宽视野（长距离）	彩色	FZ-SQ100F	
		宽视野（短距离）	彩色	FZ-SQ100N	

项　目		描　述	颜　色	型　号	备　注
照相机	智能照相机	宽视野	彩色	FZ-SLC100	照相机+变焦、自动对焦镜头+智能照明
		窄视野	彩色	FZ-SLC15	
	自动对焦照相机	宽视野	彩色	FZ-SZC100	照相机+变焦、自动对焦镜头
		窄视野	彩色	FZ-SZC15	

哈哈，选择太丰富了，我就喜欢拍照，快告诉我如何将照相机和控制器连接起来？

　　FZ系列智能视觉系统主要通过电缆将照相机和控制器连接起来，并配以显示器和鼠标，以供实时观察视觉拍摄和检验情况。FZ系列智能视觉系统连接电缆、显示器、鼠标种类及特点见表2-15。

表2-15　FZ系列智能视觉系统连接电缆、显示器、鼠标种类及特点

项　目		型　号	描　述
电缆	照相机电缆	FZ-VS	电缆长度：2 m、5 m或10 m(参见注2)
	耐弯曲照相机电缆	FZ-VSB	电缆长度：2 m、5 m或10 m(参见注2)
	直角照相机电缆（参见注1）	FZ-VSL	电缆长度：2 m、5 m或10 m(参见注2)
	长距离照相机电缆	FZ-VS2	电缆长度：15 m(参见注3)
	长距离直角照相机电缆	FZ-VSL2	电缆长度：15 m(参见注3)
	电缆扩展单元	FZ-VSJ	多可连接两个扩展单元和三根电缆。[（最大电缆长度：45m(参见注4))]
	显示器电缆	FZ-VM	电缆长度：2 m或5 m
	并联I/O电缆	FZ-VP	电缆长度：2 m或5 m
	并联I/O电缆连接器端子转接单元用	FZ-VPX	电缆长度：2 m或5 m可连接连接器-端子块转接单元（推荐产品：OMRON XW2R-J50G-T，XW2R-E50G-T，XW2R-P50G-T）

续表

项　　目		型　　号	描　　述
外围设备	液晶显示器	FZ-M08	BOX 型控制器用
	USB 存储器　2 GB	FZ-MEM2G	容量：2 GB
	8 GB	FZ-MEM8G	容量：8 GB
	略　外部照明	3Z4S-LT Series	—
		FZ-LT Series	
		FL Series	
	略　鼠标	—	鼠标推荐品：无驱式有线鼠标（不支持需要安装鼠标驱动程序的鼠标）

注：

1. 此电缆在照相机端有一个 L 形连接器。
2. 10 m 的电缆无法用于智能照相机、自动对焦照相机和 500 万像素照相机。
3. 15 m 的电缆无法用于智能照相机、自动对焦照相机和 500 万像素照相机。
4. 最大电缆长度取决于连接的照相机以及使用电缆的型号和长度。

 知识、技术归纳

智能视觉系统在工业生产中的应用，选型欧姆龙的视觉控制器和照相机分类和技术指标。

 工程创新素质培养

课外收集信息，了解用于工业控制的智能视觉系统有哪些国内外品牌，并对不同品牌智能视觉系统产品的性能、参数、价格进行比较。

使用自己智能手机中的一些图像识别软件，是否也可以做出智能判别？这些图像识别软件的作用是什么？

▶ 任务四　认识射频识别（RFID）

✎ 任务目标

1. 了解射频识别（RFID）技术的定义和工作原理；
2. 了解射频识别（RFID）技术的发展和应用；
3. 了解西门子 RF260R 读写器的技术规范、主要参数和性能特点。

一辆在企业生产中的汽车，厂方如何实时追踪此车在生产线上的进度？一个庞大的仓库，如何快速发现所需物品的位置？无人看管的办公大楼、居民住宅如何进行来访者身份识别？高速路上的"ETC 专用车道"如何对过往车辆实现电子交费？这些都要归功于射频识别（RFID）技术的应用。

真是太有趣了！我要认真学习 RIFD 技术，自己回家做个门禁身份识别系统。

第二篇　项目备战——工业机械手与智能视觉系统的核心技术

射频识别（radio frequency identification，RFID）技术，是一种无线通信技术，可通过无线电信号识别特定目标并读写相关数据，而无需识别系统与特定目标之间建立机械或光学接触。

　　无线电的信号是通过调成无线电频率的电磁场，把数据从附着在物品上的标签上传送出去，以自动辨识与追踪该物品。某些标签在识别时从识别器发出的电磁场中就可以得到能量，并不需要电池；也有些标签本身拥有电源，并可以主动发出无线电波（调成无线电频率的电磁场）。标签包含了电子存储的信息，数米之内都可以识别。与条形码不同的是，射频标签不需要处在识别器视线之内，也可以嵌入被追踪物体之内。

真神奇啊！那么一个RFID系统由哪些部分组成呢？

　　RFID系统的基本组成部分包括电子标签、阅读器和天线三部分。

　　（1）电子标签（Tag）：由耦合元件及芯片组成，每个电子标签具有唯一的电子编码，附着在物体上标识目标对象，如图2-68（a）所示。

　　（2）阅读器（Reader）：读取（有时还可以写入）电子标签信息的设备，可设计为手持式读写器（如C5000W）或固定式读写器。

　　（3）天线（Antenna）：在电子标签和阅读器间传递射频信号。

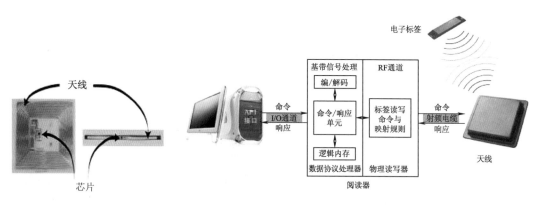

(a) 电子标签的结构　　　　　　　　　(b) RFID系统的组成

图2-68　RFID及系统基本组成

　　RFID技术的基本工作原理：电子标签进入磁场后，接收阅读器发出的射频信号，凭借感应电流所获得的能量发送出存储在芯片中的产品信息（Passive Tag，无源电子标签或被动电子标签），或者由电子标签主动发送某一频率的信号（Active Tag，有源电子标签或主动电子标签），阅读器读取信息并解码后，送至中央信息系统进行有关数据处理。

　　一套完整的RFID系统，如图2-68（b）所示，是由阅读器（Reader）与电子标签（Tag）也就是所谓的应答器（Transponder）及应用软件系统三个部分组成，其工作原理是阅读器发射一特定频率的无线电波能量给应答器，用以驱动应答器电路，将内部的数据送出，此时阅读器便依序接收解读数据，送给应用程序进行相应的处理。

以 RFID 阅读器与电子标签之间的通信及能量感应方式来看大致上可以分成：感应耦合 (Inductive Coupling) 及后向散射耦合（Backscatter Coupling）两种。一般低频的 RFID 大都采用第一种式，而较高频的 RFID 大多采用第二种方式。

阅读器根据使用的结构和技术不同可以是读或读／写装置，是 RFID 系统信息控制和处理中心。阅读器通常由耦合模块、收发模块、控制模块和接口单元组成。阅读器和应答器之间一般采用半双工通信方式进行信息交换，同时阅读器通过耦合给无源应答器提供能量和时序。在实际应用中，可进一步通过 Ethernet 或 WLAN 等实现对物体识别信息的采集、处理及远程传送等管理功能。应答器是 RFID 系统的信息载体，目前应答器大多是由耦合元件（线圈、微带天线等）和微芯片组成无源单元。

徒儿，知道本项技术的原理了吧，下面来看看它的发展历程（见表2-16）！

表2-16　RFID 发展历程

时间	发 展 情 况
1940–1950 年	雷达的改进和应用催生了射频识别技术，1948 年奠定了射频识别技术的理论基础
1950–1960 年	早期射频识别技术的探索阶段，主要处于实验室实验研究
1960–1970 年	射频识别技术的理论得到了发展，开始了一些应用尝试
1970–1980 年	射频识别技术与产品研发处于一个大发展时期，各种射频识别技术测试得到加速。出现了一些最早的射频识别应用
1980–1990 年	射频识别技术及产品进入商业应用阶段，各种规模应用开始出现
1990–2000 年	射频识别技术标准化问题日趋得到重视，射频识别产品得到广泛应用，射频识别产品逐渐成为人们生活中的一部分
2000 年后	标准化问题日趋为人们所重视，射频识别产品种类更加丰富，有源电子标签、无源电子标签及半无源电子标签均得到发展，电子标签成本不断降低，规模应用行业扩大

下面我来介绍THMSRB-3型工业机械手与智能视觉系统应用实训平台中的西门子RFID。徒儿，注意听好。

现代射频识别技术的理论不断得到丰富和完善。单芯片电子标签、多电子标签识读、无线可读可写、无源电子标签的远距离识别、适应高速移动物体的射频识别技术与产品正在成为现实并走向应用。

THMSRB-3 型工业机械手与智能视觉系统应用实训平台主要采用西门子 RFID，它由 RF260R 读写器、电子标签、RS-232 转 RS-422 转接模块、通信电缆组成。

西门子 RF260R（见图 2-69）是带有集成天线的读写器。设计紧凑，非常适用于装配。 技术规范：工作频率为 13.56 MHz，电气数据最大范围为 135 mm，通信接口标准为 RS-232，额定电压为 DC 24 V，电缆长度为 30 m。带有 3964 传送程序，用于连接到 PC 系统或 PLC 控制器。

图 2-69　西门子 RF260 及其他产品

西门子 RF260R 技术参数见表 2-17。

表 2-17　西门子 RF260R 技术参数

订货号		6GT2821-6AC10
产品型号		读写器 RF260R
适用于		ISO 15693（MOBY D）电子标签
工作频率（额定值）		13.56 MHz
电气数据（最大范围）		135 mm
无线传输协议		ISO 15693, ISO 18000-3
使用无线传输的最大数据传输速率		26.5 kbit/s
点到点连接的最大串行数据传输速率		115.2 kbit/s
用户数据传输时间	每个字节的写访问典型值	0.6 ms
	每个字节的读访问典型值	0.6 ms
接口	电气连接的设计	M12，8 针
通信接口标准		RS-422
机械数据材料		PA6.6
用于固定设备的螺钉的最大拧紧力		1.5 N•m
金属表面的安装距离（建议最小值）		0 mm
电压，电流消耗直流电源电压	额定值	24 V
	最小值	20.4 V
	最大值	28.8 V
DC 24 V 时电流输入	典型值	0.05 A
允许环境条件环境温度	运行期间	-20 ~ +70 ℃
	存储期间	-25 ~ +80 ℃
	运输期间	-25 ~ +80 ℃
防护等级		IP67
耐冲击性		EN 60721-3-7 class 7M2
冲击加速度		500 m/s²
振动加速度		200 m/s²
设计、尺寸和质量	宽	75 mm
	高	41 mm
	深	75 mm
	净重	0.2 kg
固定类型		两个 M5 螺钉
电缆长度	用于 RS-422 接口	最大 1 000 m
产品性能：显示器类型		三色 LED

RFID 技术的应用与发展,RFID 芯片的组成和系统结构组成,西门子 RF260R 的技术参数与使用。

工程创新素质培养

找找生活中还有哪些物品是带有电子标签的？设想一下，如果所有的物品都带有电子标签，我们的生活会发生什么样的改变？

任务五 认识交直流调速

任务目标

1. 了解交直流调速的功能和应用；
2. 认识 MMT-4Q 直流调速器，学会查看 MMT-4Q 直流调速器数据手册；
3. 认识 FR-D700 变频器，学会查看 FR-D700 变频器数据手册。

炎热的酷暑，当你在家里享受着空调、电风扇、冰箱带给你的清凉世界；宽广的道路上，当你开着爱车享受着驰骋天地间的无尽快乐；工作的空闲时，当你用微波炉热上一份可口的饭菜……是什么带给我们如此美好的生活？那就是目前在工业、民用产品中广泛应用的交直流调速技术。

师傅，交直流调速技术应用如此广泛啊？

徒儿，交直流调速技术广泛应用于各行各业，你要好好学习。

在中国，工业行业中，企业面临着越来越多的挑战，生产效率需要提高，运营成本需要降低，并且还要符合环保的要求，只有这样才能在当今竞争激烈的全球市场上占得一席之地。交直流调速技术对企业应对这些挑战能起到一定的积极作用。

在工业发达的国家，交直流调速技术已经得到了广泛的应用。在美国，电动机驱动占用了 60% ～ 65% 的发电量，由于交直流调速技术的有效利用，仅工业传动用电就节约了 15% ～ 20% 的电量。交直流调速技术的节能效果是很显著的。

目前交流变频调速比直流调速运用要广，但还没有达到交流变频调速取代直流调速的程度。交流变频调速的应用之所以广泛，是因为交流电动机有很多优点，并且能满足大多数情况的需求。但是，目前交流变频调速对力矩的控制是无法做到精确控制的，原因在于交流变频调速中的电枢电流和励磁电流是耦合的，对电枢电流和励磁电流的控制无法做到精确，而直流调速中的电枢电流和励磁电流是分开的，不是耦合的，可以对电枢电流和励磁电流做到精确控制。尽管目前交流变频调速有矢量控制，但这是利用现代控制理论，通过矢量转换，把交流电动机中的电枢电流和励磁电流解耦分开，类比直流电动机而来的，要完全达到直流调速的控制特性还需要进一步研究。所以在一些对力矩要求很高的行业，直流调速还是得到广泛使用。

我明白交直流调速的广泛应用，那交直流调速常用什么装置或设备实现呢？

1. 认识直流调速

直流调速具有优良的静、动态性能指标，直流调速器是实现直流调速常用的一种电动机调速装置，包括电动机直流调速器、脉宽直流调速器、晶闸管直流调速器等。一般为模块式直流电动机调速器，集电源、控制、驱动电路于一体，采用立体结构布局，控制电路采用微功耗元件，用光耦合器实现电流、电压的隔离变换，电路的比例常数、积分常数和微分常数用 PID 适配器调整。具有体积小、质量小等特点，可单独使用也可直接安装在直流电动机上构成一体化直流调速电动机，可具有调速器所应有的一切功能。

根据直流电动机转速计算公式：$n=(U-RI)/C_e\phi$，其中 U 为电枢电压；R 为电枢电阻；I 为电枢电流；ϕ 为电动机气隙主磁通；C_e 为常数，与电动机结构相关。所以影响直流电动机转速的是电枢电阻、气隙主磁通及电枢电压三个因素。

所以一般直流电动机调速有调节电枢电阻、调节励磁电流和调节电枢电压三种方式。

师傅，调速控制器是不是用来调整直流电动机的速度的？实现PWM直流调速。

脉宽调制（Pulse Width Modulator，PWM）常被用于直流负载回路、灯具调光或直流电动机调速。

PWM 调速原理如图 2-70 所示。

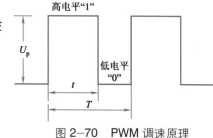

图 2-70 PWM 调速原理

t/T：PWM脉冲的占空比，决定平均电压的大小。

PWM 不是调节电流的，而是通过调节 PWM 的占空比来控制输出到直流电动机的平均电压，从而调节直流电动机的速度。

t/T（占空比）是高电平持续时间与整个周期时间之比，一个 20% 占空比的波形会有 20% 的高电平持续时间和 80% 的低电平持续时间；而一个 60% 占空比的波形则具有 60% 的高电平持续时间和 40% 的低电平持续时间。

占空比越大，高电平持续时间越长，则输出的脉冲幅度越高，即电压越高。如果占空比为 0%，那么高电平持续时间为 0，则没有电压输出。如果占空比为 100%，那么输出全部电压。所以通过调节占空比，可以实现调节输出电压的目的，而且输出电压可以无级连续调节。

THMSRB-3 型工业机械手与智能视觉系统应用实训平台实训装置主要采用 MMT-4Q 直流调速器（见图 2-71）。输入电压为 AC 85 ～ 265 V，输出电压为 DC 0 ～ 110 V/220 V 或其他电压可设定，输出电流 DC 10 A 或其他电流（最大 15A）可设定，调速控制器端口说明见表 2-18。

图 2-71　MMT-4Q 直流调速器

表 2-18　调速控制器端口说明

端口	说明	端口	说明	端口	说明
DCIN+	直流电源连接端口	OUT+	直流电动机连接端口	C	OC 门报警端口
DCIN-		OUT-		E	
EN	使能控制端口	Dir	方向控制端口	S1、S2	信号输入端口
COM		COM		S3	

下面介绍主电路的连接和控制电路的连接。

主电路连接说明：

（1）在 DCIN+ 和 DCIN- 端口上接入直流电源，电源电压范围为 20 ～ 55 V，注意正负极。

（2）在 OUT+ 和 OUT- 端口上连接直流电动机。

直流电动机的启动/停止、转动方向、转动速度控制电路连接说明：

（1）启动/停止。电动机的启动/停止可通过简单地连接/断开 EN 与 COM，即可实现电动机的启动/停止 EN 端口与 COM 接通，EN 端口有效，此时调节外部速度电位器，电动机可正常运行；EN 端口悬空或是不接，EN 端口无效，控制器电路被封锁，电动机停止运转。

（2）方向控制。电动机转动方向可通过简单地连接/断开 DIR 与 COM，即可实现电动机的转动方向的切换。DIR 端口与 COM 接通，DIR 端口有效，电动机反转；DIR 端口悬空或是不接，DIR 端口无效，电动机正转。

（3）转动速度控制。通过控制 S2 端口上的电压控制直流电动机的转速，电压越高，转速越高。可以通过外部电位器控制和外部模拟量输入控制这两种控制方式实现。各端口说明：S1 端口对外提供 +10 V 电压、S2 端口为信号输入端、S3 端口为 GND。

使用外部电位器时，须使用 S1 提供的 10 V 电压，如图 2-72（a）所示

使用外部模拟量输入控制时，可以通过 S2 和 S3 输入，0 ～ 5 V 或者 0 ～ 10 V 均可，如图 2-72（b）所示。

OC 门报警输出说明："OC 门报警输出"其内部设计是通过一个光耦合器将过电流信号送

出，以达到报警的目的。当控制器检测到过电流后，立即将过电流信号送到光耦合器的二极管端，使光耦合器导通，将过电流信号送出到 C、E 端口上。OC 门报警输出内部线路如图 2-73 (a) 所示。在需要进行报警时，可以根据需求进行连线，用于过电流指示灯引出如图 2-73 (b) 所示，用于过电流后，继电器吸合以达到报警的目的，如图 2-73 (c) 所示。

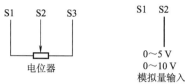

(a) 电位器调节　　(b) 模拟量模块调节

图 2-72　转速控制接线图

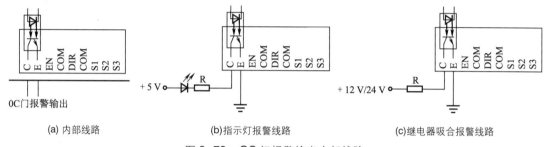

(a) 内部线路　　　　(b)指示灯报警线路　　　　(c)继电器吸合报警线路

图 2-73　OC 门报警输出内部线路

2．认识交流变频调速

徒儿，学会直流再看交流，学习本领要循序渐进，记住欲速则不达！

在各种交流调速中，变频调速的性能最好。变频调速电气传动调速范围广，静态稳定性好，运行率高。变频器是实现交流调速常用的一种电力控制设备。变频器是应用变频技术与微电子技术，通过改变电动机工作电源频率方式来实现控制交流电动机转速的。变频器主要由整流(交流变直流)、滤波、逆变（直流变交流）、制动单元、驱动单元、检测单元、微处理单元等组成。变频器靠内部 IGBT 的开断来调整输出电源的电压和频率，根据电动机的实际需要来提供其所需要的电源电压，进而达到节能、调速的目的，另外，变频器还有很多的保护功能，如过电流、过电压、过载保护等。

三相交流异步电动机转子转速 n （r/min）和绕组电流的频率 f、电动机的磁极对数 p 和转差率 s 之间的关系为

$$n = \frac{60f}{p}(1-s)$$

由上式可见，要改变电动机的转速，方法有三种：①改变磁极对数为 p；②改变转差率 s；③改变绕组电流的频率 f。

THMSRB-3 型工业机械手与智能视觉系统应用实训平台主要采用 FR-D720 变频器。FR-D720 变频器是一种紧凑型多功能变频器。功率范围：0.4 ～ 7.5 kW，通用磁通矢量控制，1 Hz 时 150% 转矩输出。采用使用寿命长的元器件，内置 Modbus-RTU 协议、制动晶体管，扩充 PID 和三角波功能，带安全停止功能。

图 2-74 是 FR-D720 变频器外观图，表 2-19 所示是 FR-D720 变频器按钮显示功能。

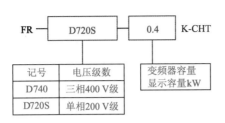

图 2-74　FR-D720 变频器外观图

表 2-19　FR-D720 变频器按钮显示功能

显示 / 按钮	功　能	备　注
RUN 显示	运行时点亮 / 闪灭	点亮：正在运行中； 慢闪灭（1.4s/ 次）：反转运行中； 快闪灭（0.2s/ 次）：非运行中
PU 显示	PU 操作模式时点亮	计算机连接运行模式时，为慢闪亮
监示用四位 LED	表示频率、参数序号等	—
EXT 显示	外部操作模式时点亮	计算机连接运行模式时，为慢闪亮
设定用按钮	变更频率设定、参数的设定值	不能取下
PU/EXT 键	切换 PU/ 外部操作模式	PU：PU 操作模式； EXT：外部操作模式； 使用外部操作模式（用另外连接的频率设定旋钮和启动信号运行）时，请按下此键，使 EXT 显示为点亮状态
RUN 键	运行指令正转	反转用（Pr.40）设定
STOP/RESET 键	进行运行的停止、报警的复位	
SET 键	确定各设定	
MODE 键	切换各设定	—
MON 显示	监视器显示	
PRM 显示	参数设定模式显示	

表 2-20 所示是 FR-D720 变频器设定频率和参数设定步骤。

表 2-20　设定频率和参数设定步骤

设定频率运行 （例：在 50 Hz 状态下运行）	参数设定 （例：把 Pr.7 的设定值改为 "10 s"）
操作步骤如下： （1）接通电源，显示监示画面。 （2）按 [PU/EXT] 键设定 PU 操作模式。 （3）旋转设定用旋钮，直至监示用四位 LED 显示出希望设定的频率，约 5 s 闪灭。 （4）在数值闪灭期间按 [SET] 键设定频率数。此时若不按 [SET] 键，闪烁 5 s 后，显示回到 0.0。还需重复 "操作（3）"，重新设定频率。 （5）约闪烁 3 s 后，显示回到 0.0 状态，按 [RUN] 键运行。 （6）变更设定时，请进行上述的 (3)、(4) 的操作。（从上次的设定频率开始） （7）按 [STOP/RESET] 键，停止运行	操作步骤如下： （1）接通电源，显示监示画面。 （2）按 [PU/EXT] 键选中 PU 操作模式，此时 PU 指示灯亮。 （3）按 [MODE] 键进入参数设置模式。 （4）拨动设定用按钮，选择参数号码，直至监示用四位 LED 显示 P7。 （5）按 [SET] 键读出现在设定的值。（出厂时默认设定值为 5） （6）拨动设定用按钮，把当前值增加到 10。 （7）按 [SET] 键完成设定值

知识、技术归纳

直流调速的原理及应用，MMT-4Q直流调速器的基本功能与使用。变频器在交流调速中的应用，三菱FR-D720系列变频器的基本参数及使用。

工程创新素质培养

交直流调速各有什么优点和缺点？结合生活中遇到的家用电器、公共场所设备或装置，谈谈它们采用的是什么调速方式？MMT-4Q直流调速器、FR-D720变频器数据手册详见配套光盘。

▶ 任务六 认识PLC

任务目标

1. 了解PLC的功能和用途；

2. 认识FX3U PLC，学会查看FX3U PLC数据手册；

3. 认识FX2N-8EX、FX2N-2DA、FX3U-232-BD、FX3U-ENET-L等模块。

"人"之所以是高级动物，是因为拥有人的大脑这一控制器，它能通过五官收集外界信息，并将信息处理后，发出指令控制人的行动。在日常生活中，智能化的家用电器通常采用单片机作为控制器，那在工业生产现场常用什么设备作为控制器呢？那就是可编程逻辑控制器（Programmable Logic Controller），简称PLC。

> PLC是一种专门在工业环境下应用而设计的数字运算操作的电子装置。它采用可以编制程序的存储器，用来在其内部存储和执行逻辑运算、顺序运算、计时、计数和算术运算等操作的指令，并能通过数字式或模拟式的输入和输出，控制各种类型的机械或生产过程。PLC及其有关的外围设备都应按照易于与工业控制系统形成一个整体，易于扩展其功能的原则而设计。

PLC在以前课程已经学过，这次正好派上用了，快进入下一部分内容学习吧！

THMSRB-3型工业机械手与智能视觉系统应用实训平台主要采用三菱FX3UPLC控制器系统，用于读写RFID系统的工件数据，控制机器人、电动机、气缸等执行机构动作，处理各单元检测信号，管理工作流程、数据传输等任务。

本实训平台的PLC控制系统（见图2-75）由PLC主机FX3U-64MT、数字量输入模块FX2N-8EX、模拟量输出模块FX2N-2DA、232通信模块FX3U-232-BD、以太网通信模块FX3U-ENET-L组成。下面对部分模块进行介绍，以太网通信模块FX3U-ENET-L在第四篇任务五中重点介绍。

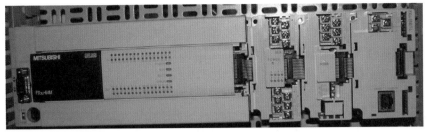

图 2-75　三菱 FX3U-64MT PLC、FX2N-8EX、FX2N-2DA、FX3U-ENET-L 外观图

1．FX3U-64MT

三菱 FX3U-64MT PLC 是三菱第三代小型可编程逻辑控制器。具有速度、容量、性能、功能的新型、高性能机器，32 点输入，32 点输出，CPU 处理速度达到了 0.065 μs/ 基本指令，内置了高达 64 KB 大容量 RAM 存储器，大幅增加了内部软元件的数量，内置独立三轴 100 kHz 定位功能（晶体管输出型），基本单元左侧均可以连接功能强大、简便易用的适配器，提供了 209 条应用指令，包括像与三菱变频器通信、CRC 计算、产生随机数等。

2．FX2N-8EX

FX2N-8EX 是 PLC 数字量 8 点输入扩展模块，通过扩展电缆与 PLC 主机相连。其 AC 输入规格如图 2-76 所示。

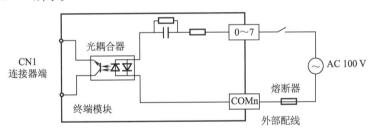

图 2-76　FX2N-8EX 输入规格

FX2N-8EX 技术指标如表 2-21 所示。

表 2-21　FX2N-8EX 技术指标

技 术 指 标	参 数	技 术 指 标	参 数
输入信号电压	AC 100～120 V，50/60 Hz	响应时间	20～35 ms
输入信号电流	4.7 mA/AC 100 V 50 Hz；6.2 mA/AC 110 V 60 Hz	输入信号形式	有电压接点
		回路绝缘	光耦合绝缘
输入阻抗	约 21 kΩ 50 Hz；约 18 kΩ 60 Hz	输入动作表示	无输入 LED
		消耗电能	1.2 W（48 mA DC 24 V）
输入灵敏度	ON　3.8 mA/AC 80 V 以上		
	OFF　1.7 mA/AC 30 V 以下		

FX2N-8EX 的输入端口无法使用高速处理（高速计数器、输入中断、脉冲捕捉、脉冲密度）、时分割输入（矩阵输入、16 字键位输入、数字开关、指针开关）和其他（输入更新、10 字键位输入、ABS 当前值读出）等指令使用。

3．FX2N-2DA

三菱 FX2N-2DA 是一款模拟量的特殊功能模块，用于将 12 位的数字量转换成 2 点模拟输出。输出的形式可为电压，也可为电流。其选择取决于接线不同。电压输出时，两个模拟输出通道输出信号为 DC 0 ～ 10 V 或 0 ～ 5 V；电流输出时为 DC 4 ～ 20 mA。分辨率为 2.5 mV（DC0 ～ 10 V）和 4 μA（4 ～ 20 mA）。数字到模拟的转换特性可进行调整。转换速度为 4 ms/通道。本模块需要占用 8 个 I/O 点。适用于 FX1N、FX2N、FX2N 子系列。它与 PLC 之间通过缓冲存储器交换数据，其技术指标见表 2-22。

表 2-22　FX2N-2DA 的技术指标

项　目	参　数		备　注
	电 压 输 出	电 流 输 出	
输出通道	2		2 通道输出方式可以不一致
输入范围	DC 0 ～ 10 V 或 0 ～ 5 V	DC 4 ～ 20 mA	
负载阻抗	≥ 2 kΩ	≤ 500 Ω	—
数字输入	12 位		0 ～ 4 095
分辨率	2.5 mV(DC 0 ～ 10 V 输出) 1.25 mV(DC 0 ～ 5 V 输出)	4 μA(DC 4 ～ 20 mA 输出)	—
转换精度	±1%(全范围)		—
处理时间	4ms/ 通道		—
调　节	偏移调节 / 增益调节		电位器调节
输出隔离	光耦合		模拟电路与数字电路之间
占用 I/O 点数	8 点		—
消耗电流	24 V/50 mA，5 V/20 mA		由 PLC 供给
使用 PLC	FX1N、FX2N、FX2NC、FX3U		—

FX2N-2DA 的安装接线图如图 2-77 所示。

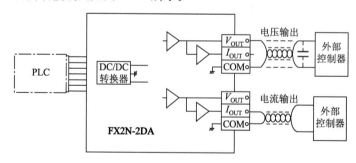

图 2-77　FX2N-2DA 的安装接线图

接线时，当电压输出存在波动或有大量噪声时，应在输出端连接 0.1 ～ 0.47 μF、25 V 的电容器。对于电压输出，须将 I_{OUT} 和 COM 进行短路。

可用于进行电源扩展模块和 I/O 的 DC 24 V 电源容量达到的值，等于从 PLC 初始的运行电压源容量中减去上面提及的特殊功能模块的消耗电流总值。例如：FX2N-32MT 的运行电源为 250 mA，当连接两个 FX2N-2DA 模块时，运行电源减少到 150 mA。

模块的最大 D/A 转换位为 12 位，可以进行转换的最大数字量为 4 095，但为了计算方便，通常情况下都将输出的最大模拟量（DC 10 V/5 V 或 20 mA）所对应的数字量输出设定为 4 000，如图 2-78 所示。

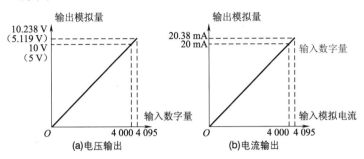

图 2-78　D/A 转换关系

当使用的数字量范围为 0 ~ 4 000 时，模拟量范围为 0 ~ 10 V，数字量 40 等于 100 mV 的模拟量输出值。当使用的数字量范围为 0 ~ 4 000 时，电流输出偏置值固定为 4 mA，而模拟量范围为 4 ~ 20 mA，则数字量 0 等于 4 mA 的模拟输出值。

FX2N-2DA 的 BFM 分配见表 2-23。

表 2-23　FX2N-2DA 的 BFM 分配

BFM 编号	b15 ~ b8	b7 ~ b3	b2	b1	b0
#0 ~ #15	保留				
#16	保留	输出数据的当前值（8 位数据）			
#17	保留		D/A 低 8 位数据保持	通道 1 的 D/A 转换开始	通道 2 的 D/A 转换开始
#18 或更大	保留				

BFM#16：存放由 BFM#17（数字值）指定通道的 D/A 转换数据。D/A 数据以二进制形式出现，并以低 8 位和高 4 位两部分顺序进行存放和转换。

> 注意：在FX2N-2DA模块中转换数据当前值只能保持8位数据，但在实际转换时要进行12位转换，为此必须进行二次传送，才能完成。

BFM#17：b0 位由 1 变成 0，通道 2 的 D/A 转换开始；b1 位由 1 变成 0，通道 1 的 D/A 转换开始；b2 位由 1 变成 0，D/A 转换的低 8 位数据保持。

 知识、技术归纳

认识本实训平台上 PLC 控制系统的组成，认识 FX3U、FX2N-8EX、FX2N-2DA 等模块的技术参数与使用。

 工程创新素质培养

FX3UC 使用手册（硬件篇）、FX 系列特殊功能模块用户手册详见配套光盘第二篇，学习 PLC 的相关技术手册。

**任务七 认识工业现场总线**

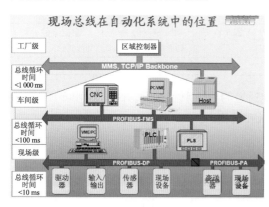**任务目标**

1. 了解现场总线的定义和作用；

2. 了解国际标准的 10 种现场总线类型和应用；

3. 认识工业以太网，了解工业以太网的优势。

现在你要买东西，可以足不出户，在家里订购，坐等送货上门；要看影片，不一定要去电影院，打开计算机即可；看电视节目，不再是几个频道，而是几十个甚至上百个频道可供选择，这些都是因为 20 世纪的伟大发明——因特网（Internet）技术从而得以实现。那么在工业现场是否有类似的技术呢？那就是现场总线技术。

> 现场总线是指以工厂内的测量和控制机器间的数字通信为主的网络，又称现场网络。也就是将传感器、各种操作终端和控制器间的通信及控制器之间的通信进行特化的网络（见图2-79）。这些机器间的主体配线是ON/OFF、接点信号和模拟信号，通过通信的数字化，使时间分割、多重化、多点化成为可能，从而实现高性能化、高可靠化、保养简便化、节省配线。

简单来说，现场总线就是以数字通信替代了传统 4 ～ 20 mA 模拟信号及普通开关量信号的传输，是连接智能现场设备和自动化系统的全数字、双向、多站的通信系统。主要解决工业现场的智能化仪器仪表、控制器、执行机构等现场设备间的数字通信以及这些现场控制设备和高级控制系统之间的信息传递问题。

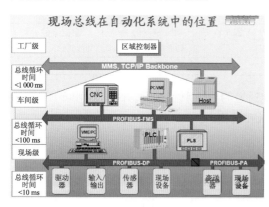 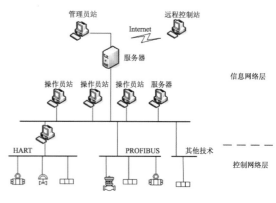

图 2-79 现场总线网络的构建模式

工业现场总线可不和因特网一样，它的种类是很多，认真了解学习吧！

2003 年 4 月，IEC61158 Ed.3 现场总线标准第 3 版正式成为国际标准，规定 10 种类型的现场总线，见表 2-24。

表 2-24　现场总线国际标准类型表

序　号	名　称	序　号	名　称
Type1	TS61158 现场总线	Type6	SwiftNet 现场总线
Type2	ControlNet 和 Ethernet/IP 现场总线	Type7	World FIP 现场总线
Type3	Profibus 现场总线	Type8	Interbus 现场总线
Type4	P-NET 现场总线	Type9	FF H1 现场总线
Type5	FF HSE 现场总线	Type10	PROFInet 现场总线

　　THMSRB-3 型工业机械手与智能视觉系统应用实训平台实训装置主要采用 Type2：ControlNet 和 Ethernet/IP 现场总线来实现 PLC、机械手控制器和视觉控制器之间的通信。

　　工业以太网就是用在工业上的以太网，EtherNet/IP 以太网工业协议是一种开放的工业网络，它使用有源星形拓扑结构，可以将 10Mbit/s 和 100Mbit/s 产品混合使用。该协议在 TCP/UDP/IP 之上附加控制和信息协议（CIP），提供一个公共的应用层。CIP 的控制部分用于实时 I/O 报文，其信息部分用于报文交换。ControlNet 和 EtherNet/IP 都使用该协议通信，分享相同的对象库、对象和设备行规，使得多个供应商的设备能在上述整个网络中实现即插即用。对象的定义是严格的，在同一种网络上支持实时报文、组态和诊断。为了提高工业以太网的实时性能，ODVA（开放的 DeviceNet 供应商协会）于 2003 年 8 月公布了 IEEE1588 "用于 EtherNet/IP 实时控制应用的时钟同步"标准。

　　工业以太网是使用 TCP/IP 协议的，工业以太网拥有的优势如下：

　　（1）可以满足控制系统各个层次的要求，使企业信息网络与控制网络得以统一。

　　（2）设备成本下降，以太网卡的价格是总线网络接口卡的 1/10。

　　（3）以太网很容易和 Internet 集成。

　　（4）采用以太网作为现场总线，拥有速度快、开发技术支持广泛（Java、VC、VB 等）、硬件升级范围广而且价格低廉的优势。

知识、技术归纳

　　认识现场总线的定义和应用，建立符合国际标准的总线网络。认识工业以太网，分析它的优势及使用。

工程创新素质培养

　　在大型生产企业设备中，现网总线网络是高效信息化数据传递的方式，查阅资料，了解如何构建一个多层多类型的网络组图？了解国际标准的 10 类现场总线的特点和应用场合。

工业机械手与智能视觉系统应用

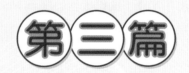
第三篇

项目演练——
工业机械手与智能
视觉系统的单元调试

这个系统太神奇了，机械手的动作优美柔和，视觉系统"火眼金睛"，我要好好研究它们具体是怎样做到的。

　　工业机械手和智能视觉系统大量应用于自动化生产线上，代替人类从事重复、单调并快速的工作，例如物体的搬运，电子元件的插件；在人类不能亲自工作的危险作业场合，如高温、有毒等工作场合也大量活跃着工业机械手与智能视觉系统的身影。工业机械手和智能视觉系统已成为了现代制造业、现代生活的好伙伴。

　　本篇将从工业机械手、智能视觉系统、RFID读写、传送带等方面具体讲述各部分是如何工作的，掌握各部分基本的本领与技能，为第四篇项目实战做好储备。

▶ 任务一　工业机械手调试

 任务目标

1. 会使用工业机械手编程软件编程，使工业机械手完成要求的动作；
2. 增强工业机械手工作时的安全意识。

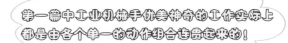

第一篇中工业机械手优美神奇的工作实际上都是由各个单一的动作组合连贯起来的！

所以，先要将单一动作、单一功夫都练得棒棒的！

本任务从工业机械手迎宾、工装更换、装配加盖、工件组合体入库、工件组合体出库等五个子任务来讲述工业机械手的工作过程，亲自与工业机械手面对面进行工作交流，与工业机械手比拼谁做得更到位、更准确、更安全、更快，谁动作更简练、更优美。

子任务一　工业机械手迎宾

有了第二篇工业机械手的核心技能，我们可以开始单个动作的实践了。先要学会使用几个常用指令。

一、机械手常用控制指令

1. 插补命令

用于使机械手移动，全部轴将同时启动、同时停止。

（1）Mov 指令：通过关节插补动作进行移动，直到到达目标位置。通过关节赋值动作移动，得出一个平缓优美的曲线，如图 3-1 所示。

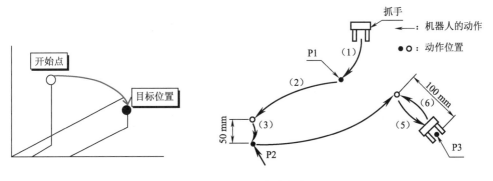

图 3-1　关节插补动作轨迹

抓手先移动到 P1 点，再移动到 P2 点上方 50 mm 处，然后移动到 P2 点，接着移动到 P3 点后方 100 mm 处，再移动到 P3 点，最后回到 P3 点后方 100 mm 处，若动作轨迹如图 3-1 所示则使用关节插补动作指令，相应程序如下：

```
0    Mov P1
1    Mov P2, -50
2    Mov P2
3    Mov P3, -100
4    Mov P3
5    Mov P3, -100
6    End
```

（2）Mvs 指令：通过直线插补动作进行移动，直至到达目标位置，动作轨迹如图 3-2 所示。

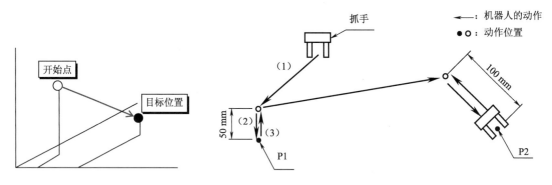

图 3-2　直线插补动作轨迹

抓手先移动到 P1 点 50 mm 上方处，然后移动到 P1 点，再移动到 P1 点 50 mm 上方处，接着移动到 P2 点后方 100 mm 处，再移动到 P2 点，最后回到 P2 点后方 100 mm 处，若动作轨迹如图 3-2 所示则使用直线插补动作指令，相应程序如下：

```
0    Mvs P1, -50
1    Mvs P1
2    Mvs P1, -50
3    Mvs P2, -100
4    Mvs P2
5    Mvs P2, -100
6    End
```

2. 无条件跳转指令 GoTo

当程序执行到 GoTo 语句时就会强制跳转到指定的位置继续执行。当程序执行"GoTo 语句标号"后，就跳转到"语句标号"的位置，并执行后面的语句。如图 3-3 所示，执行到"GoTo *INIT"后就直接跳转到"M_Outb (0) =0"处，下面"GoTo *Loop"也是如此。

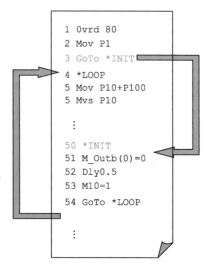

```
1 0vrd 80
2 Mov P1
3 GoTo *INIT
4 *LOOP
5 Mov P10+P100
5 Mvs P10
      ⋮
50 *INIT
51 M_Outb(0)=0
52 Dly0.5
53 M10=1
54 GoTo *LOOP
      ⋮
```

图 3-3　GoTo 指令

二、机械手迎宾简介

举起您的手，试试跟我招手，是不是手在两点之间晃动呀！在上下或左右两点之间移动我就实现迎宾了。来试试让我摆摆手！

我先来玩一个简单的机械手迎宾程序：机械手在 P0 点和 P1 点之间移动就实现机械手迎宾了。在调试时比较"Mov"和"Mvs"指令的区别。

先选定两个工作点 P0 和 P1，在程序编辑环境下程序标记 *Loop，执行 Mov P0 和 Mvs P1，跳转返回 *Loop，实现动作的循环，程序如图 3-4 所示。

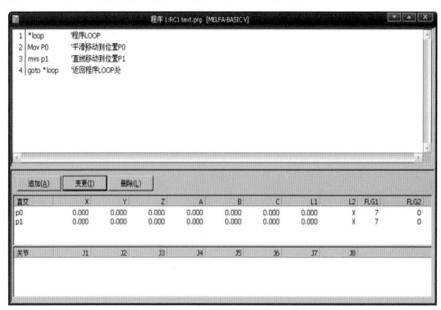

图 3-4　简单的机械手迎宾程序

任何时候都要先进行模拟仿真，仿真通过后才能实际运行，确保人身、设备的安全哟！

Mov是平滑移动，而Mvs是直线移动，我观察到了！

在软件里可以通过帮助菜单来学习指令和变量。刚才的迎宾招手动作有点单调僵硬，可以试试光盘中的机械手迎宾程序，多设置几个点，动作会流畅很多！下面的参考程序我们设置了 P50、P51、P52、P53、P54、P55 过渡点，试着编写调试下列程序，再看看机械手动作。

P1=(+162.16,−6.40,+487.22,−177.74,+55.43,−179.99)(7,0)

P50=(−20.35,+0.00,+959.00,+0.00,+0.00,+5.00)(0,0)

P51=(+28.89,−1.83,+938.00,+2.09,+36.17,+2.37)(1,0)

P52=(−18.01,+2.09,+958.99,−2.93,+0.51,−39.06)(0,0)

P53=(+14.98,−29.55,+938.00,−1.00,+33.00,−40.21)(1,0)

P54=(−19.50,−3.51,+959.04,+2.14,−0.08,+35.84)(0,0)

P55=(+19.59,+22.66,+938.00,+4.34,+33.43,+37.79)(1,0)

1	*LOOP		12	Mov P52
2	Mov P1	'移动到原点	13	Mvs P50
3	Mov P50		14	Mvs P54
4	Mov P51		15	Mov P55
5	Mov P50		16	Mov P54
6	Mov P51		17	Mov P55
7	Mov P50		18	Mov P54
8	Mvs P52		19	Mvs P50
9	Mov P53		20	Mov P1
10	Mov P52		21	GoTo *LOOP
11	Mov P53		23	End

下面还可以做一些其他的迎宾动作（握手），也可以做个健身操（脖子扭扭），这些动作的工作参考点一定要示教确定好。

子任务二 工业机械手工装更换

一、认识工具换装单元

工具换装单元由大口气夹、真空发生器、吸盘工装、视觉工装、定位工装、工装支架等机构组成，如图3-5所示。

大口气夹、真空发生器安装在机械手本体上，受机械手控制，大口气夹可以夹取三种工装进行功能性操作。大口气夹一侧前端装有光纤传感器，用于检测前方有无物体，另一侧装有气动对接装置，用于将气动信号自动导入到气动工装（吸盘工装）上。

吸盘工装上装有真空吸盘和气动对接装置，当大口气夹夹取吸盘工装时，真空吸盘的动作由机械手控制，可以随之移动，吸取任意可到达位置内的工件。

视觉工装上装有视觉相机，当大口气夹夹取视觉工装时，视觉相机可以随着机械手的移动拍摄不同位置、不同方向的工件或场景。视觉工装上设有定位针，用于精确定位工件的位置。

工装支架安装在型材实训桌上，用于机械手自动放置和取用不同的工装。

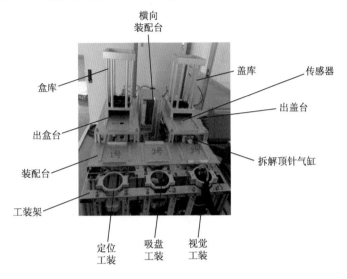

图 3-5　工具换装单元

对照实物仔细分析，了解了结构。结合第二篇中介绍的核心技术，有重点地认识传感器、智能视觉等，为后面的信号处理提供帮助。

二、机械手常用控制指令

1. 速度控制指令Ovdr

用于对运行中的机械手进行动作速度控制，对所有的插补命令有效。

Ovdr 指令将在程序全体的动作速度，以对最高速度的比例（%）指定。

例：Ovdr　50　对所有的插补动作都以最高速度的50%设定。

2. 定时器指令Dly

作为动作延时控制，以 100 ms 为最小单位。

例：Dly 1.0　定时 1s。

3. 抓手控制指令Hopen 、Hclose

Hopen　通过程序打开指定的抓手。

Hclose　通过程序闭合指定的抓手。

如图 3-6 所示，其中 Hopen 1 打开 1 号抓手，Hclose 1 关闭 1 号抓手。

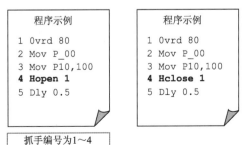

图 3-6　抓手控制指令案例

气夹使用的二路输出信号 OUT-900 和 OUT-901，抓手编号就是 1。

4．Wait 等待命令

如图 3-7 所示，在变量的数据变为程序中指定的值之前，在此处死循环待机，用于进行联锁控制等。

这些好像跟其他编程软件的指令很类似，下面来试着让机械手夹取工装。

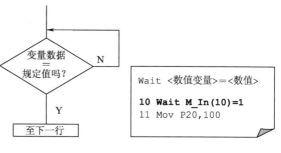

图 3-7 等待命令案例

三、工业机械手工装夹取

要完成编程设计调试基本顺序是：分析课题要求、画出流程图、示教定位、编程、离线模拟调试。有时候这五个步骤要反复进行，确认完全符合功能要求后再在线调试。

机械手工装夹取的动作流程图如图 3-8 所示，参考程序如配套光盘中子任务二夹取吸盘工装程序。

程序设计了三个示教定位点 P1、P2 和 P3，其中 P1 为机械手初始位置，P2 为机械手夹取吸盘等待位置（2 号工装上方），P3 为机械手夹取吸盘位置（2 号工装），给出的位置点仅供参考，实际中要示教确定。下列是本子任务夹取吸盘工装的位置点和夹取工装程序：

机械手初始位置：P1=(+162.16，-6.40，+487.22，-177.74，+55.43，-179.99)(7,0)

机械手夹取吸盘等待位置（2 号工装上方）：P2=(-98.05，+441.78，+350.72，-179.85，-0.28，-91.10)(7,0)

机械手夹取吸盘位置（2 号工装）：P3=(-98.05，+441.78，+147.72，-179.85，-0.28，-91.10)(7,0)

```
'********* 夹取吸盘工装程序 **********        9    Mvs P3              '吸盘工装位置
1    *Jia_XiPan                             10   Dly 1
2    Mvs P2            '吸盘工装正上方位置    11   Hclose 1            '抓手夹紧夹取吸盘工装
3    Hopen 1          '抓手松开             12   Wait  M_In(901)=1
4    Wait  M_In(900)=1                                         '等待抓手夹紧信号为1
                      '等待抓手松开信号为1    13   Dly 1              '延时1s
5    Dly 1            '延时                 14   Ovrd 50            '速度设定
6    Ovrd 50          '速度设定             15   Mvs P2             '吸盘工装正上方位置
7    Mvs P3+(+0.00,+0.00,+90.00,+0.00       16   End
     ,+0.00,+0.00)  '靠近吸盘工装位置
8    Ovrd 20          '速度设定
```

在上述程序中，机械手从初始位置 P1 运动到吸盘工装位置 P3 时不是直接到 P3 点，而是设置了一个 P2 点过渡，设置过渡点的好处是可以快速接近目标位置，再慢速到达目标，即讲究效率又确保安全，先快速到 P2 点，再降低速度到 P3 点上方，最后缓慢到达 P3 点。

机械手与人手一样，受各自由度运动位置限制，从起始点到目标位置点时不能直接到达（出现报警信号）时可设置中间过渡点。

徒儿，怎样将吸盘工装放回到吸盘
工装位置呢？再回到初始位置P1点。

将吸盘工装放回到吸盘工装位置，再回到初始位置P1，流程图如图3-9所示，下列就是本子任务吸盘工装放回原位置的位置点和程序：

机械手初始位置：P1=(+162.16, -6.40, +487.22, -177.74, +55.43, -179.99)(7,0)

机械手夹取吸盘等待位置（2号工装上方）：P2=(-98.05, +441.78, +350.72, -179.85, -0.28, -91.10)(7,0)

机械手夹取吸盘位置（2号工装）：P3=(-98.05, +441.78, +147.72, -179.85, -0.28, -91.10)(7,0)

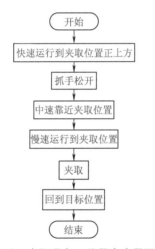

图3-8　夹取吸盘工装程序流程图

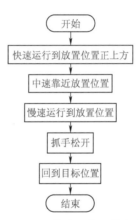

图3-9　放置吸盘工装程序流程图

'********* 放置吸盘工装程序 **********		8	Hopen 1	
1	*Fang_XiPan	9	Wait　M_In(900)=1	'等待抓手松开信号为1
2	Mvs P2　　'吸盘工装正上方位置	10	Dly 1	'延时1s
3	Ovrd 50　　'速度设定	11	Ovrd 50	'速度设定
4	Mvs P3+(+0.00, +0.00, +90.00, +0.00, +0.00, +0.00)	12	Mvs P2	'吸盘工装正上方位置
5	Ovrd 20　　'速度设定	13	Ovrd 100	'速度设定
6	Mvs P3　　'吸盘工装位置	14	Mvs P1	
7	Dly 0.5	15	End	

好像不难，视觉工装呢？……我会了！只要将P2、P3示教定位到视觉工装正上方位置，同样的程序可以夹取视觉工装和放回视觉工装！

设计动作流程时要注意：

（1）运行速度：在空旷位置可快速，靠近目标位置时要降低速度。

（2）夹取工装时，靠近目标位置前抓手要松开。

下面来完成怎样先夹取吸盘工装再更换成视觉工装。

四、工业机械手工装更换

更换工装程序流程图如图 3-10 所示。整个工业机械手夹取和放置两种工装（吸盘工装和视觉工装）的位置点和程序如下：

这里用两种方法编写了程序，里面使用的位置点如下，其中有相同的 P1、P2、P3、P4、P5，而 P12 只是用在方法二中。

机械手初始位置：P1=(+162.16,−6.40,+487.22,−177.74,+55.43,−179.99)(7,0)

机械手拿吸盘等待位置（2 号工装上方）：P2=(−98.05,+441.78,+350.72,−179.85,−0.28,−91.10)(7,0)

机械手取吸盘位置（2 号工装）：P3=(−98.05,+441.78,+147.72,−179.85,−0.28,−91.10)(7,0)

机械手取照相机等待位置（3 号工装上方）：P4=(+39.68,+441.10,+350.11,−178.84,−0.02,−91.82)(7,0)

机械手取照相机位置（3 号工装）：P5=(+39.68,+441.10,+155.11,−178.84,−0.02,−91.82)(7,0)

装配单元中转位置（抓手竖向）：P12=(−104.27,+338.27,+410.23,−178.84,−0.22,−90.59)(7,0)

```
开始
  ↓
夹取吸盘工装
  ↓
放置吸盘工装
  ↓
夹取视觉工装
  ↓
放置视觉工装
  ↓
结束
```

图 3-10　更换工装程序流程图

```
方法一
'****** 夹取吸盘工装程序 ******
1    *Jia_XiPan
2    Mvs P2                '吸盘工装正上方位置
3    Hopen 1               '抓手松开
4    Wait  M_In(900)=1     '等待抓手松开信号为1
5    Dly 1                 '延时
6    Ovrd 50               '速度设定
7    Mvs P3+(+0.00,+0.00,+90.00,+0.00
     ,+0.00,+0.00)         '靠近吸盘工装位置
8    Ovrd 20               '速度设定
9    Mvs P3                '吸盘工装位置
10   Dly 1
11   Hclose 1              '抓手夹紧夹取吸盘工装
12   Wait  M_In(901)=1
                          '等待抓手夹紧信号为1
13   Dly 1                 '延时1s
14   Ovrd 50               '速度设定
15   Mvs P2                '吸盘工装正上方位置
16   Ovrd 100              '速度设定
'****** 放置吸盘工装程序 ******
17   *Fang_XiPan
18   Mvs P2                '吸盘工装正上方位置
19   Ovrd 50               '速度设定
20   Mvs P3+(+0.00,+0.00,+90.00,+0.00
     ,+0.00,+0.00)
21   Ovrd 20               '速度设定
22   Mvs P3                '吸盘工装位置
23   Dly 0.5
24   Hopen 1
25   Wait  M_In(900)=1
                          '等待抓手松开信号为1
26   Dly 1                 '延时1s
27   Ovrd 50               '速度设定
28   Mvs P2                '吸盘工装正上方位置
29   Ovrd 100              '速度设定
'****** 夹取视觉相机工装程序 ******
```

```
30  *Jia_Camera
31  Mvs P4              '视觉相机工装正上方位置
32  Hopen 1
33  Wait  M_In(900)=1
                       '等待抓手松开信号为1
34  Dly 0.5            '延时1s
35  Ovrd 20            '速度设定
36  Mvs P3+(+0.00,+0.00,+90.00,+0.00
    ,+0.00,+0.00)
37  Dly 0.5
38  Mvs P5             '视觉相机工装位置
39  Dly 0.5
40  Hclose 1           '夹取视觉相机工装
41  Wait  M_In(901)=1
                       '等待抓手夹紧信号为1
42  Dly 0.5            '延时1s
43  Ovrd 50
44  Mvs P4             '视觉相机工装正上方位置
45  Ovrd 100           '速度设定
```

```
'****** 放置视觉相机工装程序 ******
46  *Fang_Camera
47  Mvs P4              '视觉相机工装正上方位置
48  Dly 0.5
49  Ovrd 20            '速度设定
50  Mvs P5+(+0.00,+0.00,+90.00,+0.00
    ,+0.00,+0.00)
51  Ovrd 10            '速度设定
52  Mvs P5             '视觉相机工装位置
53  Dly 0.5
54  Hopen 1            '夹取视觉相机工装
55  Wait  M_In(900)=1
                       '等待抓手松开信号为1
56  Dly 0.5
57  Ovrd 50            '速度设定
58  Mvs P4             '视觉相机工装正上方位置
59  Ovrd 100           '速度设定
60  Mvs P1
61  End
```

```
方法二
1   *S00MAIN            '主程序
2   GoSub *Jia_XiPan   '夹取吸盘工装子程序
3   GoSub *Fang_XiPan  '放置吸盘工装子程序
4   GoSub *Jia_Camera  '夹取视觉工装子程序
5   GoSub *Fang_Camera '放置视觉工装子程序
6   Mov P1
7   End
'****** 夹取吸盘工装子程序 ******
8   *Jia_XiPan
9   Mvs P2              '吸盘工装正上方位置
10  Hopen 1
11  Wait  M_In(900)=1  '等待抓手松开信号为1
12  Dly 0.3            '延时1s
13  Ovrd 50            '速度设定
14  Mvs P3+(+0.00,+0.00,+90.00,+0.00
    ,+0.00,+0.00)
15  Ovrd 20            '速度设定
16  Mvs P3             '吸盘工装位置
17  Dly 1
18  Hclose 1           '夹取视觉相机工装
19  Wait  M_In(901)=1
                       '等待抓手夹紧信号为1
20  Dly 1              '延时1s
21  Ovrd 50            '速度设定
22  Mvs P2             '吸盘工装正上方位置
23  Ovrd 100           '速度设定
24  Mvs P12
25  Return             '返回主程序
'****** 放置吸盘工装子程序 ******
```

```
26  *Fang_XiPan
27  Mov P12
28  Mvs P2              '吸盘工装正上方位置
29  Ovrd 50            '速度设定
30  Mvs P3+(+0.00,+0.00,+90.00,+0.00
    ,+0.00,+0.00)
31  Ovrd 20            '速度设定
32  Mvs P3             '吸盘工装位置
33  Dly 0.5
34  Hopen 1
35  Wait  M_In(900)=1
                       '等待抓手松开信号为1
36  Dly 1              '延时1s
37  Ovrd 50            '速度设定
38  Mvs P2             '吸盘工装正上方位置
39  Ovrd 100           '速度设定
40  Mvs P12
41  Return
'****** 夹取视觉相机工装子程序 ******
42  *Jia_Camera
43  Mvs P4              '视觉相机工装正上方位置
44  Hopen 1
45  Wait  M_In(900)=1
                       '等待抓手松开信号为1
46  Dly 0.5            '延时1s
47  Ovrd 20            '速度设定
48  Mvs P5             '视觉相机工装位置
49  Dly 0.5
50  Hclose 1           '夹取视觉相机工装
51  Wait  M_In(901)=1
                       '等待抓手夹紧信号为1
```

第三篇 项目演练——工业机械手与智能视觉系统的单元调试

52	Dly 0.5	'延时1s	63	Ovrd 10	'速度设定

```
52  Dly 0.5          '延时1s
53  Ovrd 50
54  Mvs P4           '视觉相机工装正上方位置
55  Mvs P12
56  Ovrd 100         '速度设定
57  Return
'＊＊＊＊＊＊ 放置视觉相机工装子程序 ＊＊＊＊＊＊
58  *Fang_Camera
59  Mvs P4           '视觉相机工装正上方位置
60  Dly 0.5
61  Ovrd 20          '速度设定
62  Mvs P5+(+0.00,+0.00,+90.00,+0.00
    ,+0.00,+0.00)
```

```
63  Ovrd 10          '速度设定
64  Mvs P5           '视觉相机工装位置
65  Dly 0.5
66  Hopen 1          '夹取视觉相机工装
67  Wait  M_In(900)=1
                     '等待抓手松开信号为1
68  Dly 0.5
69  Ovrd 50          '速度设定
70  Mvs P4           '视觉相机工装正上方位置
71  Ovrd 100         '速度设定
72  Mvs P12
73  Return
```

比较上面两种方法的程序结构，是不是越来越想学习！来做装配加盖吧，过程是一样的。

子任务三　工业机械手装配加盖

一、认识工件组装单元

工件组装单元由工件盒送料机构及工件盖送料机构组成，安装在型材实训桌上，用于装配工件，如图3-11所示。

该单元具有三个工件盒组装位置，能同时对三个工件盒进行装配操作。工件盒内设有四个工件槽用于放置工件，工件盒和工件盖四个角带有磁铁，可以使工件盒与工件盖紧密组合在一起。设有多个传感器，可以检测工件盒／工件盖的有无、方向是否装反。机械手可以进行工件盒／工件盖装反时的修正、工件按序装配、工件拆解等操作。通过对工件盒／工件盖的正反放置，工件装配的顺序变化，提高机械手的应用灵活性，可进行机械手不同难易程度的应用考察，实现实训及考核的多样化。

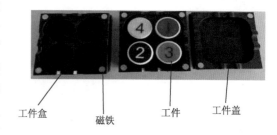

图3-11　工件盒、工件盖和工件

二、机械手常用控制指令

1. 子程序指令GoSub及Return

GoSub执行指定标识的子程序，通过子程序中的Return（返回）命令进行恢复。如图3-12所示，GoSub停止主程序，跳到执行标志 *DATA 处的子程序，在子程序扫描完成后到Return返回到主程序，继续执行原主程序。

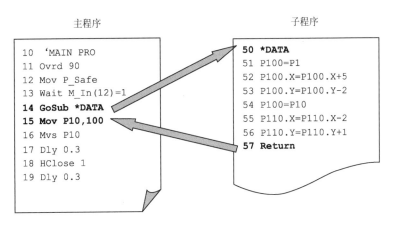

图 3-12　GoSub 及 Return 指令程序

2．有条件跳转指令If Then Else

用于在程序中进行无条件跳转和根据条件判别结果跳转时等情况。

在迎宾程序中已经学习了无条件跳转指令 GoTo，这里学习有条件跳转指令 If Then Else，如图 3-13 所示。If 语句中指定的条件的结果成立时跳转至 Then 标志行语句处，反之不成立时则执行 Else 处语句。

如图 3-14 所示，如果满足 If M1<10，则执行 *CHECK 处程序，否则执行 *WK1 处程序；同样，如果满足 If M_In（900）=1，则执行 *NXT1 处程序，否则执行 *WK2 处程序。

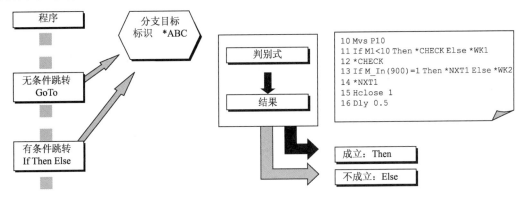

图 3-13　分支指令案例　　　　图 3-14　If Then Else 指令案例

3．停止命令

（1）Hlt 是程序的停止命令。如果执行此命令，程序将停止。

如图 3-15 所示，执行到 Hlt 处，程序自动停止，只有通过再启动，开始信号才能执行程序的继续运行。

（2）End 对程序的最终行进行定义。如果将循环置于 ON，运行将在执行一个循环后结束。

如图 3-16 所示，End 就是整个主程序的结束行。

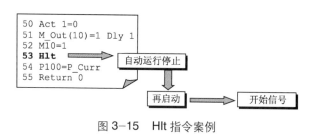

图 3-15 Hlt 指令案例

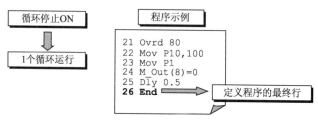

图 3-16 End 指令案例

三、机械手装配加盖控制

机械手在 P1 初始位置，将出盒台上的工件盒夹取到 1 号装配台，机械手再回到初始位置。程序执行时，首先要确认出盒台上有工件盒，信号来自出盒台下方安装的传感器，它通过 PLC 送到机械手，指令 Wait M_In(9)=1 即为此作用，流程图如图 3-17 所示。

下面是将工件盒夹取到 1 号装配台的位置点和程序：

机械手初始位置：P1=(+162.16,-6.40,+487.22,-177.74,+55.43,-179.99)(7,0)

机械手取工件盒位置：P6=(-243.45,+486.10,+110.84,+62.08,+89.33,+152.45)(6,0)

装配单元中转位置（抓手横向）：P13=(-99.45,+411.86,+346.14,-102.85,+88.05,-14.14)(6,0)

1 号装配台上方位置（横向）：P20=(-242.50,+369.00,+112.32,-111.92,+89.42,-21.33)(6,0)

```
'***** 夹取工件盒到 1 号装配台程序 *****       15  Mvs P6
1   *Jia_He                                 16  Dly 0.5            '延时
2   Wait M_In(9)=1  '取工件盒信号为 1 Y14     17  Mvs P20           '到 1 号装配台上方(横向)
3   Mov P13           '抓手换成横向           18  Ovrd 20
4   HOpen 1                                 19  Mvs P20+(+0.00,+0.00,-90.00,+0.00,+
5   Wait  M_In(900)=1                          0.00,+0.00)
              '等待抓手松开信号为 1          20  Dly 0.5
6   Dly 0.5                                 21  HOpen 1
7   Ovrd 100                               22  Wait  M_In(900)=1
8   Mvs P6            '到出盒台上方                       '等待抓手松开信号为 1
9   Ovrd 20                                23  Dly 0.5            '延时 1s
10  Mvs P6+(+0.00,+0.00,-50.00,+0.00,+     24  Ovrd 100
       0.00,+0.00)                         25  Mvs P20
11  Dly 0.5                                26  Mvs P13           '过渡点
12  Hclose 1                               27  Dly 0.5           '延时 1s
13  Wait  M_In(901)=1                      28  Mov P1
              '等待抓手夹紧信号为 1          29  End
14  Ovrd 100
```

机械手在 P1 初始位置，将出盒台上的工件盒夹取到 3 号装配台，机械手再回到初始位置，流程图如图 3-18 所示。

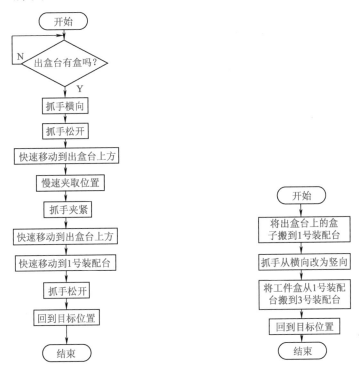

图 3-17 工件盒夹取到 1 号装配台流程图　　图 3-18 工件盒夹取到 3 号装配台流程图

下面是将工件盒夹取到 3 号装配台的位置点和程序：

机械手初始位置：P1=(+162.16,-6.40,+487.22,-177.74,+55.43,-179.99)(7,0)

机械手取工件盒位置：P6=(-243.45,+486.10,+110.84,+62.08,+89.33,+152.45)(6,0)

装配单元中转位置（抓手竖向）：P12=(-99.45,+411.86,+346.14,-102.85,+88.05,-14.14)(6,0)

装配单元中转位置（抓手横向）：P13=(-99.45,+411.86,+346.14,-102.85,+88.05,-14.14)(6,0)

1 号装配台上方位置（横向）：P20=(-242.50,+369.00,+112.32,-111.92,+89.42,-21.33)(6,0)

1 号装配台上方位置（竖向）：P21=(-241.76,+548.65,+289.05,-179.76,-0.26,-90.36)(7,0)

3 号装配台上方位置（竖向）：P23=(+45.97,+548.92,+289.84,-179.76,-0.26,-90.36)(7,0)

```
'***** 夹取工件盒到 3 号装配台程序 *****
1   *Jia_He
2   Wait M_In(9)=1 '取工件盒信号为 1 Y14
                     '取工件盒到 1 号装配台
3   Mov P13          '抓手换成横向
4   Hopen 1
5   Wait  M_In(900)=1
                     '等待抓手松开信号为 1
6   Dly 0.5
7   Mvs P6           '到出盒台上方
8   Ovrd 20
9   Mvs P6+(+0.00,+0.00,-50.00,+0.00,+
    0.00,+0.00)
10  Dly 0.5
11  Hclose 1
12  Wait  M_In(901)=1
                     '等待抓手夹紧信号为 1
13  Ovrd 100
14  Mvs P6
15  Dly 0.5          '延时
16  Mvs P20          '到 1 号装配台上方( 横向)
17  Ovrd 20
18  Mvs P20+(+0.00,+0.00,-90.00,+0.00,+
    0.00,+0.00)
19  Dly 0.5
20  Hopen 1
21  Wait  M_In(900)=1
                     '等待抓手松开信号为 1
                     '抓手从横向改为竖向
22  Dly 0.5          '延时 1s
23  Ovrd 100
24  Mvs P20
```

```
25  Mvs P13          '过渡点
26  Dly 0.5          '延时 1s
27  Mov P12          '机械手从横向转为竖向
                     '将工件盒从 1 号装配台
                     夹到 3 号装配台
28  Mvs P21          '1 号装配台上方位置( 竖向)
29  Ovrd 20
30  Mvs,60
31  Dly 1
32  HClose 1
33  Wait  M_In(901)=1
                     '等待抓手夹紧信号为 1
34  Dly 0.5          '延时 1s
35  Ovrd 100
36  Mvs P21
37  Mvs P23          '3 号装配台上方位置( 竖向)
38  Ovrd 20
39  Mvs,60
40  Dly 1
41  HOpen 1
42  Wait  M_In(900)=1
                     '等待抓手松开信号为 1
43  Dly 1
44  Ovrd 100
45  Mvs P23
46  Mvs P12
47  Mvs P13
48  Mvs P1
49  End
```

有时候空间不够，人手要变换着姿势拿东西，机械手也一样。本程序中，机械手从出盒台上夹取工件盒后不是直接运送到 3 号装配台，而是先运送到 1 号装配台上，再利用中间过渡点 P13 和 P12 将机械手从横向位置转换为竖向位置，机械手竖向将 1 号装配台上的工件盒搬运到 3 号装配台上。

在 1 号装配台上已有装满工件的工件盒，请给工件盒加盖，流程图如图 3-19 所示。

如果要夹三个工件盒到装配台上，可先夹第一个工件盒通过 1 号装配台到 3 号装配台，再夹第二个工件盒通过 1 号装配台到 2 号装配台，最后夹第三个工件盒到 1 号装配台。

下面是给 1 号装配台上的工件盒加盖的位置点和程序：

机械手取盖子位置：P7=(+44.00,+484.08,+110.00,+95.86,+88.72,-174.12)(6,0)

装配单元中转位置（抓手横向）：P13=(-99.45,+411.86,+346.14,-102.85,+88.05,-14.14)(6,0)

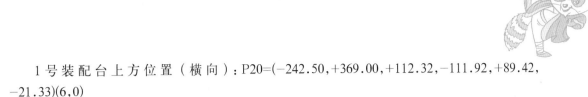

1号装配台上方位置（横向）：P20=(−242.50,+369.00,+112.32,−111.92,+89.42, −21.33)(6,0)

`'******** 取盖放盖程序 ********`	`13  M_Out(7)=1`
`1   *Jia_gai`	`            '输出夹紧盖子完成信号为 1 X35`
`2   Wait M_In(6)=1 '取盖子信号为 1 Y11`	`14  Dly 0.5            '延时 1s`
`3   Hopen 1`	`15  M_Out(7)=0`
`4   Wait  M_In(900)=1`	`            '输出夹紧盖子完成信号为 0 X35`
`5   Ovrd 100`	`16  Ovrd 50`
`6   Mov P13       '抓手换成横向`	`17  Mvs P7+(+0.00,+0.00,+100.00,+0.`
`7   Mvs P7`	`    00,+0.00,+0.00)   '抬高`
`8   Ovrd 20`	`18  Mvs P20+(+0.00,+0.00,+100.00,+`
`9   Mvs P7+(+0.00,+0.00,-49.00,+0.00,+`	`    0.00,+0.00,+0.00)`
`    0.00,+0.00)`	`19  Ovrd 20`
`10  Dly 0.5        '延时 1s`	`20  Mvs P20+(+0.00,+0.00,-68.00,+0.00,+`
`11  Hclose 1       '夹紧盖子`	`    0.00,+0.00)`
`12  Wait  M_In(901)=1`	`21  Hopen 1            '松开盖子`
`            '等待抓手夹紧信号为 1`	`22  Wait  M_In(900)=1`
	`            '等待抓手松开信号为 1`
	`23  Dly 0.5`
	`24  End`

机械手在 P1 初始位置，将出盒台上的工件盒夹取到 1 号装配台，再加盖，流程图如图 3-20 所示，程序中还有些其他工作点 P12[装配单元中转位置（抓手竖向）]、P21[1 号装配台上方位置（竖向）]、P22[2 号装配台上方位置（竖向）]、P23[3 号装配台上方位置（竖向）]。

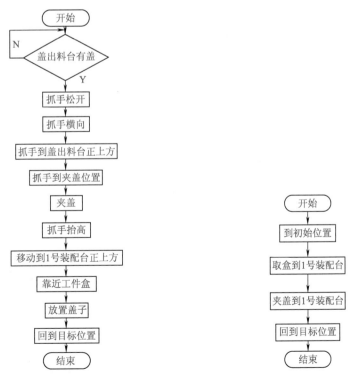

图 3-19 给 1 号装配台上的工件盒加盖程序流程图 图 3-20 工件盒夹取到 1 号装配台再加盖流程图

下面是将工件盒夹取到 1 号装配台再加盖的位置点和程序：

机械手初始位置 P1=(+162.16，−6.40，+487.22，−177.74，+55.43，−179.99)(7,0)

机械手取盒子位置 P6=(−243.45，+486.10，+110.84，+62.08，+89.33，+152.45)(6,0)

机械手取盖子位置 P7=(+44.00，+484.08，+110.00，+95.86，+88.72，−174.12)(6,0)

装配单元中转位置（抓手横向）P13=(−99.45，+411.86，+346.14，−102.85，+88.05，−14.14)(6,0)

1 号装配台上方位置（横向）P20=(−242.50，+369.00，+112.32，−111.92，+89.42，−21.33)(6,0)

```
1    *S00MAIN              '主程序
2    GoSub *S90HOME        '原点返回处理
3    Dly 0.5
4    GoSub *Jia_He         '夹取工件盒到装配台子程序
5    GoSub *Jia_gai        '取盖放盖子程序
6    Mov P1
7    End
'******* 原点返回处理 **********
8    *S90HOME
9    Hopen 1
10   Hopen 2
11   P90CURR=P_Fbc(1)      '获得当位置
12   If P90CURR.Z<P1.Z Then
                           '如果当前高度在下面则归位
13   Ovrd 10               '速度设定为10
14   P90ESC=P90CURR        '做回避点
15   P90ESC.Z=P1.Z
16   Ovrd 100              '速度设定为100
17   EndIf
18   Mov P1                '移动到原点
19   Return
'***** 夹取工件盒到 1 号装配台子程序 *****
20   *Jia_He
21   Wait M_In(9)=1        '取工件盒信号为1 Y14
22   Mov P13               '抓手换成横向
23   Hopen 1
24   Wait M_In(9)=1        '取工件盒信号为1 Y14
25   Mvs P6                '到出盒台上方
26   Ovrd 20
27   Mvs P6+(+0.00,+0.00,-50.00,+0.00,+
     0.00,+0.00)
28   Dly 0.5
29   Hclose 1
30   Wait  M_In(901)=1
                          '等待抓手夹紧信号为1
31   Ovrd 100
32   Mvs P6
33   Dly  0.5
34   Mvs P20               '到1号装配台上方（横向）
35   Ovrd 20
```

```
36   Mvs  P20+(+0.00,+0.00,-
     90.00,+0.00,+0.00,+0.00)
37   Dly 0.5
38   Hopen 1
39   Wait  M_In(900)=1
                           '等待抓手松开信号为1
40   Dly 0.5
41   Ovrd 100
42   Mvs P20
43   Mvs P13               '过渡点
44   Return
'********* 取盖放盖子程序 *********
45   *Jia_gai
46   Wait M_In(6)=1
                           '取盖子信号为1 Y11
47   Ovrd 100
48   Mov P13               '抓手换成横向
49   Mvs P7
50   Ovrd 20
51   Mvs P7+(+0.00,+0.00,-49.00,+0.00,+
     0.00,+0.00)
52   Dly 0.5               '延时1s
53   Hclose 1              '夹紧盖子
54   Wait  M_In(901)=1
                           '等待抓手夹紧信号为1
55   M_Out(7)=1
                           '输出夹紧盖子完成信号为1 X35
56   Dly 0.5               '延时1s
57   M_Out(7)=0
                           '输出夹紧盖子完成信号为0 X35
58   Ovrd 50
59   Mvs P7+(+0.00,+0.00,+100.00,+
     0.00,+0.00,+0.00)     '抬高
60   Mvs P20+(+0.00,+0.00,+100.00,+
     +0.00,+0.00,+0.00)
61   Ovrd 20
62   Mvs P20+(+0.00,+0.00,-68.00,+
     0.00,+0.00,+0.00)
63   Hopen 1               '松开盖子
64   Wait  M_In(900)=1     '等待抓手
                           松开信号为1
65   Dly 0.5
66   Return
```

如果是2号或3号装配台上的工件盒要加盖，应将工件盒先撤到1号装配台，再在1号装配台上加盖。

子任务四 工件组合体入库

一、认识立体仓库单元和废品回收框

立体仓库单元由铝质材料加工而成，配有九个仓位（3×3），安装在型材实训桌上，用于放置装配完的组件，也可以通过机械手对装配完成的组件进行拆装，并分类放置到相应的工件料库中。

废品回收框安装在型材实训桌左后侧，用于机械手自动放置被检测出来的无用工件或不合格品。

二、常用控制指令

1. 仓库控制指令

Def 及 Plt 指令。对使用的立体仓库进行设置。如图 3-21、图 3-22 所示，仓库控制指令语句的构成按以下顺序进行记述：

Def(定义) /Plt(托盘)，Plt（托盘）编号，始点，终点 A，终点 B，对角点，个数 A，个数 B，地址号分配方向。

程序示例：

```
Def  Plt 1, P10, P11, P12, P13, 5, 4, 1
```

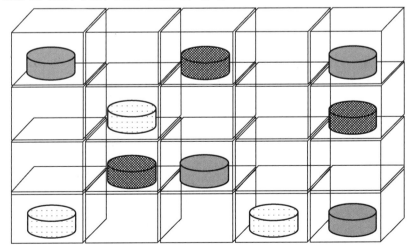

图 3-21 仓库示意图

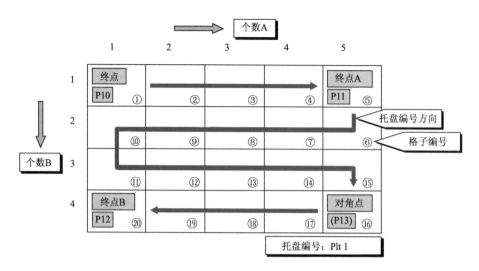

图 3-22　仓库控制指令

如图 3-23 所示，移动至托盘内的格子点时，按以下顺序记述：

```
Mov    托盘编号，格子编号
```

进行格子编号时，一般将字母 M 的变量作为计数器使用。

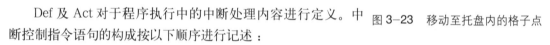

图 3-23　移动至托盘内的格子点

2．中断控制指令

Def 及 Act 对于程序执行中的中断处理内容进行定义。中断控制指令语句的构成按以下顺序进行记述：

Def（定义）/Act（动作），Act（动作）编写，中断的条件式发生时的处理，类型。

程序示例：

```
Def Act 1, M_In (15)=1 GoSub *EROR, S
```

（1）省略类型指定时，在预设的 100% 时的停止位置处停止。

（2）类型指定为 S 时，以最短时间减速停止。

（3）类型指定为 L 时，在执行结束后停止。

（4）在 Act 语句中，进行中断处理的有效／无效指定。

具体而言，Act（动作）编号的范围为 1 ~ 8（定义数字越小越优先），如果将该编号定义为 1 则中断处理有效；如果定义为 0，则中断处理变为无效。

Act 1=1　代表中断有效。

Act 1=0　代表中断无效。

从跳转目标恢复的方法为在 Return（返回）指令后面记述 1 或 0，如图 3-24 所示。

3. 排列运算指令Pallet

Def Plt　　定义使用 Plt

Plt　　　　用运算求得 Pallet 上的指定位置。

程序示例：

```
Def Plt  1, P1, P2, P3, P4, 4, 3, 1
```

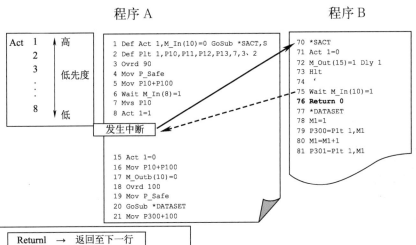

程序 A   程序 B

```
Act  1  ↑ 高        1 Def Act 1,M_In(10)=0 GoSub *SACT,S      70 *SACT
     2               2 Def Plt 1,P10,P11,P12,P13,7,3、2        71 Act 1=0
     3    低先度      3 Ovrd 90                                 72 M_Out(15)=1 Dly 1
     :               4 Mov P_Safe                              73 Hlt
     :               5 Mov P10+P100                            74 '
     8  ↓ 低         6 Wait M_In(8)=1                          75 Wait M_In(10)=1
                     7 Mvs P10                                 76 Return 0
                     8 Act 1=1                                 77 *DATASET
             发生中断                                           78 M1=1
                                                               79 P300=Plt 1,M1
                     15 Act 1=0                                80 M1=M1+1
                     16 Mov P10+P100                           81 P301=Plt 1,M1
                     17 M_Outb(10)=0
                     18 Ovrd 100
                     19 Mov P_Safe
                     20 GoSub *DATASET
                     21 Mov P300+100
```

Returnl → 返回至下一行

Return0 → 返回至发生中断的行

图 3-24   中断返回

定义在指定托盘号码 1，有起点 = P1、终点 A = P2、终点 B=P3、对角点 =P4 的 4 点地方，个数 A=4 层、个数 B=3 列合计 12 个（4×3）作业位置，用托盘模型 =1（Z 字型）进行运算（2 为同方向），如图 3-25（a）所示。

P0=（Plt 1，5）运算托盘号码 1 的第五个位置为 P0 位置点。

在实训设备上的库架为 3×3 共九个仓位，对应各位置点，按图 3-25（b）设置。

终点B 对角点

⑫	11	⑩
7	8	9
6	5	4
①	2	③

起点   终点A

P4	P15	P5
P12	P13	P14
P2	P11	P3

(a)   (b)

图 3-25   排列运算指令

使用 Pallet 指令可有以下几种组合：

```
Def Plt  1, P2, P3, P4, P5, 3, 3, 1  '3 层、3 列
Def Plt  1, P2, P3, P4, P5, 3, 2, 1  '3 层、2 列
Def Plt  1, P2, P11, P4, P15, 3, 2, 1  '3 层、2 列
Def Plt  1, P11, P3, P15, P5, 3, 2, 1  '3 层、2 列
Def Plt  1, P2, P3, P4, P5, 2, 3, 1  '2 层、3 列
Def Plt  1, P2, P3, P12, P14, 2, 3, 1  '2 层、3 列
Def Plt  1, P12, P14, P4, P5, 2, 3, 1  '2 层、3 列
Def Plt  1, P2, P3, P4, P5, 2, 2, 1  '2 层、2 列
Def Plt  1, P2, P11, P12, P13, 2, 2, 1  '2 层、2 列
```

```
Def Plt   1, P2, P11, P4, P15, 2, 2, 1 '2层、2列
Def Plt   1, P11, P3, P13, P14, 2, 2, 1 '2层、2列
Def Plt   1, P11, P3, P15, P5, 2, 2, 1 '2层、2列
Def Plt   1, P12, P13, P4, P15, 2, 2, 1 '2层、2列
Def Plt   1, P13, P14, P15, P5, 2, 2, 1 '2层、2列
```

真棒！来试试将1号装配台上装配好的工件组合体入库，注意程序中仓库的四个点的示教定位。

将1号装配台上装配好的工件组合体入库，流程图如图3-26所示。

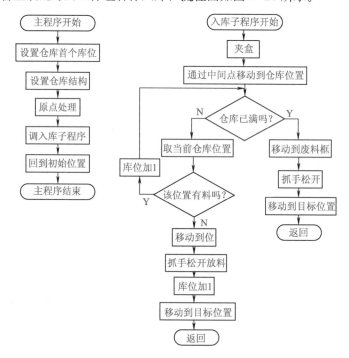

图3-26　工件组合体入库流程图

下面是将1号装配台上装配好的工件组合体入库的位置点和程序：

机械手初始位置：P1=(+162.16,−6.40,+487.22,−177.74,+55.43,−179.99)(7,0)

仓库左下位置：P90=(+56.15,−465.25,+97.00,−13.65,+87.92,−103.60)(6,0)

仓库右下位置：P91=(−216.15,−465.25,+97.00,−13.65,+87.92,−103.60)(6,0)

仓库左上位置：P92=(+56.15,−465.25,+370.00,−13.65,+87.92,−103.60)(6,0)

仓库右上位置：P93=(−216.15,−465.25,+370.00,−13.65,+87.92,−103.60)(6,0)

装配单元中转位置（抓手横向）：P13=(−99.45,+411.86,+346.14,−102.85,+88.05,−14.14)(6,0)

1 号装配台上方位置（横向）：P20=(−242.50,+369.00,+112.32,−111.92,+89.42,−21.33)(6,0)

装配单元中转位置（抓手竖向）：P12=(−104.27,+338.27,+410.23,−178.84,−0.22,−90.59)(7,0)

入库中转位置（与原点 P1 位置相近）：P81=(+298.40,−11.45,+548.83,−4.17,+87.89,−3.80)(6,0)

入库等待位置（左，近库架，抓手横向）：P8=(+160.20,−364.33,+358.22,−14.54,+86.80,−104.85)(6,0)

放废料位置 4（横向）：PFL4=(−53.98,−413.57,+11.01,−157.77,+89.75,+111.16,+0.00,+0.00)(6,0)

```
1    *S00MAIN     '主程序
2    m5=1         '仓库首个库位设为 1 号
3    Def Plt 1,P90,P91,P92,P93,3,3,2
     '设置仓库位置，以 P90 为起点，以 P91 为终点 A，
     以 P92 为终点 B，以 P93 为对角点，行为 3，列
     为 3，同方向排列
4    GoSub *S90HOME   '原点返回处理
5    Dly 0.5
6    GoSub  *Ruku     '入库子程序
7    Mov P1
8    End
'********* 原点返回处理 ***********
9    *S90HOME
10   Hopen 1
11   Hopen 2
12   P90CURR=P_Fbc(1)   '获得当位置
13   If P90CURR.Z<P1.Z Then
     '如果当前高度在下面则归位
14   Ovrd 10          '速度设定为 10
15   P90ESC=P90CURR    '做回避点
16   P90ESC.Z=P1.Z
17   Ovrd 100          '速度设定为 100
18   EndIf
19   Mov P1            '移动到原点
20   Return
'********* 入库子程序 ***********
21   *Ruku
22   Mvs P20
23   Mvs P20+(+0.00,+0.00,−93.00,+
     0.00,+0.00,+0.00)
24   Dly 0.5
25   Hclose 1          '夹紧盒子
26   Wait  M_In(901)=1
27   Dly 0.5
28   Mvs P20
29   Ovrd 50
30   Mvs P13
31   Mov P81
32   Mov P8          '移动到仓库与安装位置中间
33   *MOVE           '程序段
34   If m5=10 Then *MOV2
                     '仓库已满，当废料扔了
35   P10=(Plt 1 ,m5)
                     '设定 P10 为当前仓库位置
```

```
36   Mvs P10 +(+30.00,+0.00,+0.00,+0.
     00,+0.00,+0.00)
                     '移动到仓库左检测是否有工件在
37   Dly 0.5
38   If  M_In(902)=1 Then *MOV1
                     '如果前方仓库已经有料
39   Mvs P10         '移动到仓库正前方
40   Dly 0.2         '延时 0.5 s
41   Ovrd 50         '运行速度调整为 50%
42   Mvs,120         '向前伸进 110
43   Dly 0.2         '延时 0.5 s
44   Hopen 1         '抓手 1 松开
45   Wait  M_In(900)=1  '等抓手 1 张开
46   Dly 0.2         '延时 0.2 s
47   Ovrd 100        '运行速度调整为 100%
48   Mvs ,−120       '退出 120 mm
49   Mvs P8          '运行到入库等待位置
50   m5=m5+1         '仓库位置加 1
51   Mov P81
52   Mov P12
53   Return

54   *MOV1           '子程序
55   m5=m5+1         '仓库编号加 1
56   GoTo *MOVE
                     '入库工作未完成则继续去下一个库位

57   *MOV2
58   Mvs P8
59   Ovrd 50
60   Mov PFL4        '仓库已满，当废料扔了
61   Hopen 1
62   Wait  M_In(900)=1
                     '等待抓手松开信号为 1
63   Dly 0.3
64   Mov P8          '运行到入库等待位置
65   Ovrd 100        '运行速度调整为 100%
66   Mov P81
67   Mov P12
68   m5=1
69   Return
```

子任务五 工件组合体出库

　　本子任务将仓库中的工件组合体出库搬送到1号装配台，流程图如图3-27所示。

　　下面是仓库中的工件组合体出库搬送到1号装配台的位置点和程序：

　　机械手初始位置 P1=(+162.16,−6.40,+487.22,−177.74,+55.43,−179.99)(7,0)

　　仓库左下位置 P90=(+56.15,−465.25,+97.00,−13.65,+87.92,−103.60)(6,0)

　　仓库右下位置 P91=(−216.15,−465.25,97.00,−13.65,+87.92,−103.60)(6,0)

　　仓库左上位置 P92=(+56.15,−465.25,+370.00,−13.65,+87.92,−103.60)(6,0)

　　仓库右上位置 P93=(−216.15,−465.25,+370.00,−13.65,+87.92,−103.60)(6,0)

　　装配单元中转位置（抓手横向）P13=(−99−.45,+411.86,+346.14,−102.85,+88.05,−14.14)(6,0)

　　1号装配台上方位置（横向）P20=(−242.50,+369.00,+112.32,−111.92,+89.42,−21.33)(6,0)

　　装配单元中转位置（抓手竖向）P12=(−104.27,+338.27,+410.23,−178.84,−0.22,−90.59)(7,0)

　　出库中转位置（与原点P1位置相近）P81=(+298.40,−11.45,+548.83,−4.17,+87.89,−3.80)(6,0)

　　出库等待位置（左，近库架，抓手横向）P8=(+160.20,−364.33,+358.22,−14.54,+86.80,−104.85)(6,0)

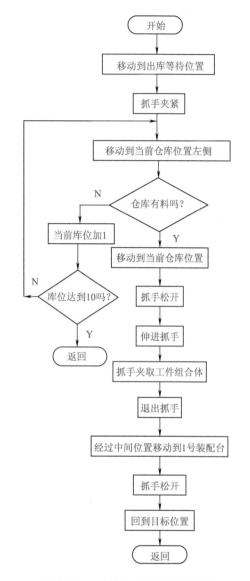

图3-27　工件组合体出库流程图

1　　*S00MAIN　　　　'主程序	6　　GoSub *MOVE2　　'仓库取料程序段
2　　m50=1　　　　　　'仓库首个库位设为1号	7　　Mov P1
3　　Def Plt 1,P90,P91,P92,P93,3,3,2	8　　End
'设置仓库位置，以P90为起点，以P91为终点A，以P92为终点B，以P93为对角点，行为3，列为3，同方向排列	'******** 原点返回处理 *********
	9　　*S90HOME
4　　GoSub *S90HOME　'原点返回处理	10　　Hopen 1
5　　Dly 0.5	11　　Hopen 2
	12　　P90CURR=P_Fbc(1) '获得当位置

13	If P90CURR.Z<P1.Z Then	35	Dly 0.2 '延时 0.5 s
	'如果当前高度在下面则归位	36	Hclose 1 '抓手夹紧
14	Ovrd 10 '速度设定为 10	37	Wait M_In(901)=1 '等抓手夹紧
15	P90ESC=P90CURR '做回避点	38	Dly 0.2 '延时 0.2 s
16	P90ESC.Z=P1.Z	39	Ovrd 100 '运行速度调整为 100%
17	Ovrd 100 '速度设定为 100	40	Mvs,-120 '退出 120mm
18	EndIf	41	Mvs P8
19	Mov P1 '移动到原点	42	Mov P81 '移动到中间位置
20	Return	43	Mov P13 '移动到横向位置

'********* 仓库取料子程序 *********

```
21   *MOVE2          '仓库取料程序
22   Mov P8
23   Hclose 1
24   Wait  M_In(901)=1 '等抓手夹紧
25   *MOVE22
26   P10=(Plt 1 ,m50)
                     '设定 P10 为当前仓库位置
27   Mvs P10 +(+30.00,+0.00,+0.00,+0.00,+0.0
     0,+0.00) '移动到仓库左检测是否有工件在
28   Dly 0.5         '定时 0.5 s
29   If  M_In(902)=0 Then *MOV3
                     '如果前方仓库已经没料
30   Mvs P10         '移动到仓库正前方
31   Hopen 1
32   Wait  M_In(900)=1 '等抓手张开
33   Ovrd 50         '运行速度调整为 50%
34   Mvs,120         '向前伸进 120
```

```
44   Mvs P20
45   Mvs P20+(+0.00,+0.00,-80.00,+
     0.00,+0.00,+0.00)
46   Dly 0.5
47   Hopen 1
48   Wait  M_In(900)=1
                     '等待抓手松开信号为 1
49   Dly 0.5
50   Ovrd 100
51   Mvs P20
52   Mvs P13         '抓手 (横向)
53   Mov P12
54   Return
55   *MOV3           '子程序
56   m50=m50+1       '仓库位置加 1
57   If m50<10 Then  GoTo *MOVE22
58   Return
```

将在仓库中的工件组合体出库并拆解成盖、工件和盒三部分，出库时工件组合体先要搬送到 1 号装配台，而拆解顶针（气缸）安装在 3 号装配台，所以要将 1 号装配台的组合体运送到 3 号装配台再行拆解，先拆出工件盖，再取出工件，最后剩工件盒。

我看到配套光盘中子任务五的工件组合体出库拆解岂程序了！我要好好理解它！

边理解边反推出程序流程图；边与流程图边理解程序！

知识、技术归纳

本任务设计的几个子任务都与设备相关，并融入了基本编程指令的应用，完成后就熟悉了本实训装置，掌握常用的编程语言，会根据要求设计工作流程，会选择合适的位置点、运动速度和轨迹。

 工程创新素质培养

查阅编程软件的帮助信息，学习变量、函数、指令等。

 任务二 智能视觉系统调试

 任务目标

1. 会使用欧姆龙智能视觉系统对工件颜色、编号、高度进行识别，能写出表达式；
2. 增强智能视觉系统工作时的安全意识。

本任务从工件颜色识别、工件编号识别、工件高度识别、智能视觉表达式及输出结果四个子任务来演练智能视觉系统的工作过程，一定要做好每一个工作步骤，这里的结果要用于第四篇——项目实战中的。

子任务一 工件颜色识别

第一次使用欧姆龙智能视觉系统，要一步一步跟着一起做！

在操作之前必须确认设备连接正常。用于拍摄对象物进行测量处理的视觉传感器照相机与计算机的外围设备相连接，确保可从外围设备输入测量指令或向外部输出测量结果，将控制器还原到出厂默认值。初始化之前，备份必要的数据，如场景数据和系统数据等。

一般使用的操作流程：准备→场景编辑→试测量→测量（运行）→管理分析。

（1）在主界面（见图 3-28）单击"流程编辑"按钮，弹出"流程编辑界面"。

（2）在流程编辑界面的右侧从处理项目树中选择要添加的处理项目。选中要处理的项目后，单击"追加（最下部分）"按钮，将处理项目添加到单元列表中，此子任务添加"分类"，如图 3-29 所示。也可以添加例如"扫描边缘位置""串行数据输出""图形角度获取"等。

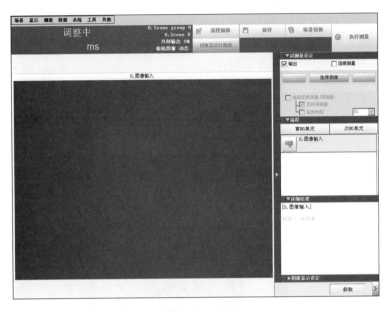

图 3-28　主界面

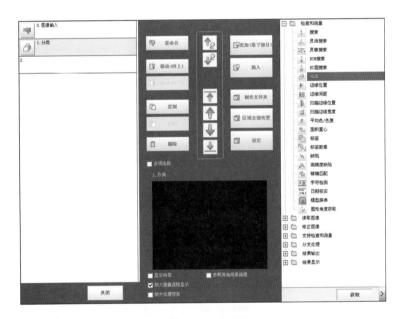

图 3-29　追加界面

单击"分类"图标，进入设置界面，设置如下（其他不设置）：

① 图像由"主界面"输入，进入"流程编辑"界面，再进入"分类"属性界面，如图 3-30 所示。

② 在"分类"界面先设置模型参数，在初始状态（见图 3-31）下设定，选中"旋转"复选框，还要设定旋转范围、跳跃角度、稳定度和精度等，如图 3-32 所示。

（3）"分类"界面右边为分类坐标分布，分类坐标共有 36 行（标有数字部分，为索引号），编号分别为 0 ~ 35 行，每行共有 5 列（未标数字部分，为模型编号），编号分别为 0 ~ 4。利用此优点，将印有红、黄、蓝、黑四种颜色的工件依次录入，方法如下：

① 将工件录入相应位置，红色录入"横坐标：1，列坐标：1"的位置，单击坐标位置进入分类图像设置界面。

② 切换到"模型登录"选项卡（见图3-33），单击左边图形图标 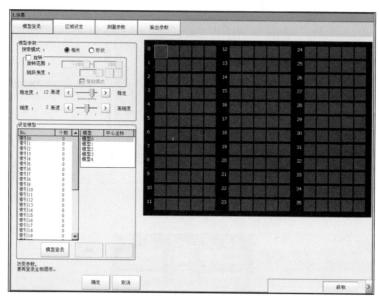，在右边显示界面会出现一个圆圈，移动圆圈把数字圈在中间，设置测量区域，单击"确定"按钮回到分类图像设置界面。依此方法将其他颜色的数字录入，完成后效果如图3-34所示。

图3-30 模型登录界面

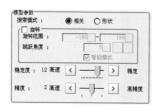

图3-31 初始状态

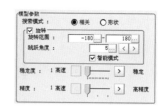

图3-32 设置完成状态

③ 全部录入完成后，切换到"测量参数"选项卡，如图3-35所示。把相似度改成90～100之间。最后单击"确定"按钮回到主界面。

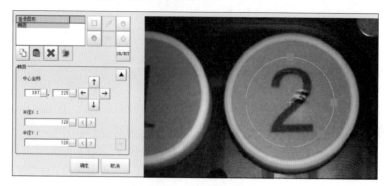

图3-33 模型登录界面

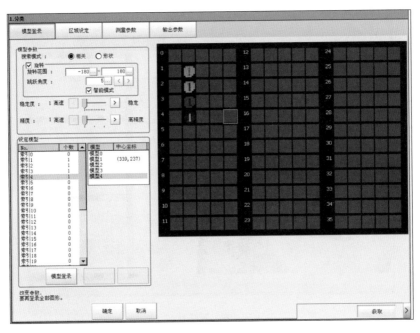

图 3-34　完成后效果

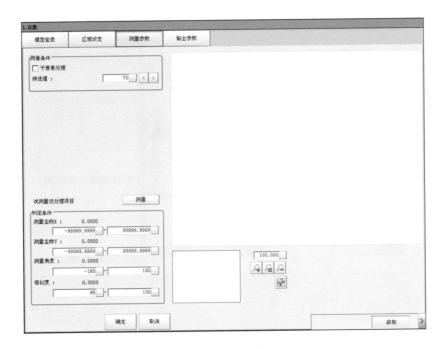

图 3-35　测量参数界面

（4）回到主界面，镜头对准工件，单击"执行测量"按钮，此时会在右下角对话框显示测量信息。可以观察两次实际测量和原模型的变化，"黄1"和"红3"的两个工件的实际测量结果分别如图 3-36 和图 3-37 所示。

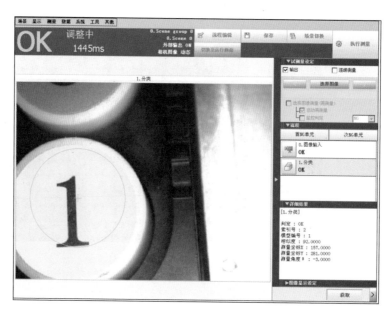

图 3-36　测量结果 1

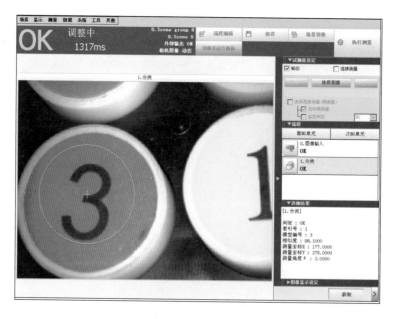

图 3-37　测量结果 2

子任务二　工件编号识别

在传送多种产品的生产线上，对产品进行分类处理及识别。下面开始执行工件编号的识别。

（1）在主界面单击"流程编辑"按钮，弹出"流程编辑界面"。

（2）在流程编辑界面的右侧从处理项目树中选择要添加的处理项目。选中要处理的项目后，单击"追加（最下部分）"按钮，将处理项目添加到单元列表中，此子任务添加"分类"。

（3）单击"分类"图标，进入设置界面，将工件录入相应位置，编号2录入"横坐标：3，列坐标：2"的位置，单击坐标位置进入分类图像设置界面，如图3-38所示。

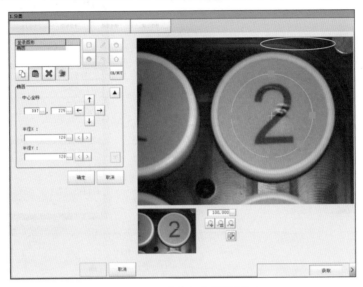

图3-38 分类图像设置界面

（4）在分类图像设置界面单击左边图形图标 ，在右边显示界面会出现一个圆圈，移动圆圈把数字圈在中间，单击"确定"按钮回到模型登录界面。依此方法将其他数字录入，完成后如图3-39所示。

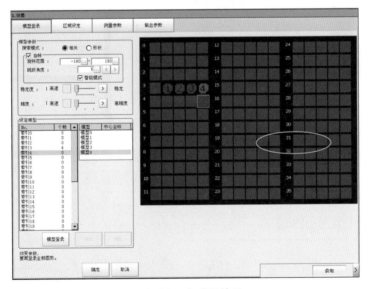

图3-39 完成后效果

（5）全部录入完成后，切换到"测量参数"选项卡，把相似度改成90～100之间。最后单击"确定"按钮回到主界面。

（6）回到主界面，镜头对准工件，单击"执行测量"按钮，此时会在右下角对话框显示测量信息。可以观察到模型编号，"蓝2"和"蓝3"的两个工件的实际测量结果分别如图3-40和图3-41所示。

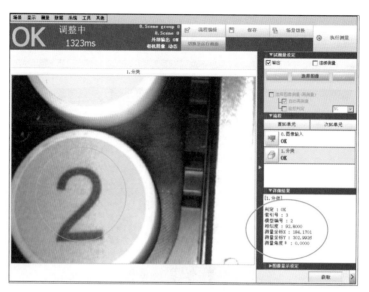

图 3-40　测量结果 1

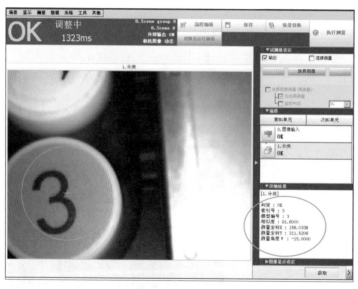

图 3-41　测量结果 2

子任务三　工件高度识别

完成子任务一（工件颜色识别）和子任务二（工件编号识别）后，为了能检测正次品工件，需要检测各个工件的高度及差别。

（1）在主界面单击"流程编辑"按钮，弹出"流程编辑界面"（见图 3-42）。在右侧从处理项目树中选择要添加的处理项目"扫描边缘位置"，单击"追加（最下部分）"按钮，将处理项目添加到单元列表中。

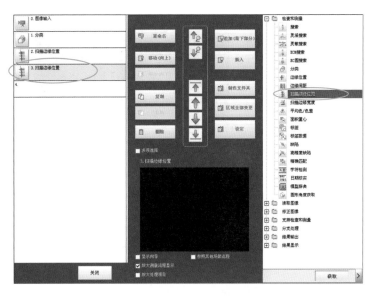

图 3-42　追加界面

（2）进行边缘位置的扫描（工件尺寸）步骤：

① 图像由"主界面"输入，进入"流程编辑"界面，再进入扫描边缘位置属性界面，如图 3-43 所示。

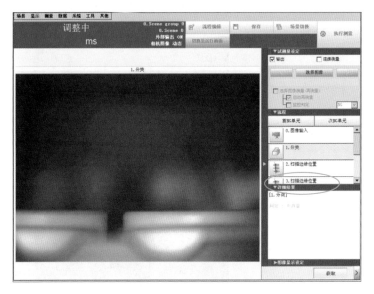

图 3-43　在主界面图像输入

② 在区域设定界面（见图 3-44）选择登录图形，把宽直线箭头方向向下，直线宽度将工件边缘框在直线内部。

（3）区域设定完成后单击"确定"按钮，在左下角设定区域分割（见图 3-45），把区域分割数设定为 10，区域宽度设定为 5。

① 切换到"边缘颜色"选项卡（见图 3-46），选择"边缘颜色指定"复选框。

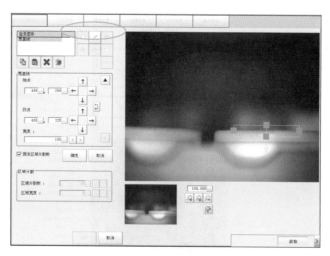

图 3-44　区域设定

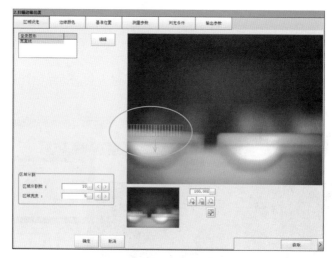

图 3-45　分割界面

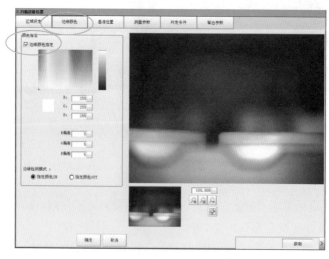

图 3-46　"边缘颜色"选项卡

② 切换到"判定条件"选项卡(见图 3-47),单击"测量"按钮,显示界面会出现测量基准线,表示再次范围内已经检测出边缘。

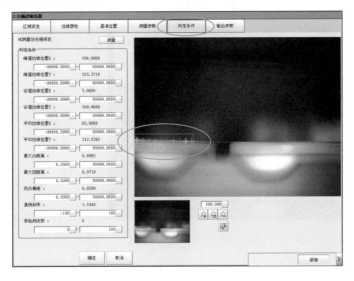

图 3-47 "判定条件"选项卡

(4) 全部设定完成后单击"确定"按钮,回到主界面单击"执行测量"按钮,此时会在右下角对话框显示测量信息。可以观察显示区域测量结果,如图 3-48 所示。

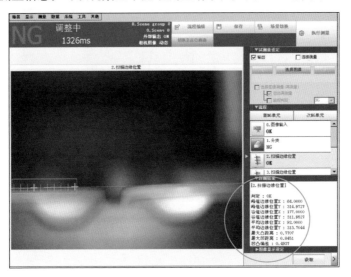

图 3-48 测量结果

子任务四 智能视觉表达式及输出结果

(1) 在主界面单击"流程编辑"按钮,弹出"流程编辑界面"。在右侧从处理项目树中选择要添加的处理项目"结果输出"中的"串行数据输出"(见图 3-49)。选中要处理的项目后,单击"追加(最下部分)"按钮,将处理项目添加到单元列表中。

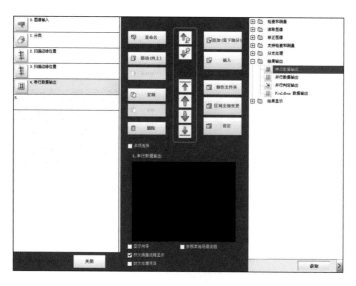

图 3-49　追加界面

（2）串行数据输出（表达式）。单击串行数据输出图标，弹出表达式设定设置界面（见图 3-50），完成需要设计出的四个表达式（编号、颜色、角度、尺寸）。

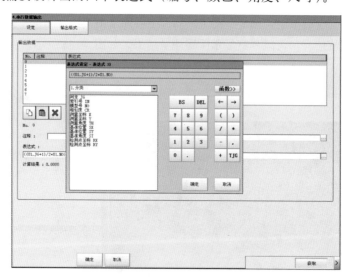

图 3-50　编号表达式

编号表达式　　　No.0　（(U1.JG+1)/2*U1.NO)

颜色表达式　　　No.1　（((U1.JG+1)/2*U1.IN)+100)

角度表达式　　　No.2　（(U1.JG+1)/2*U1.TH)

尺寸测量表达式　No.3　（(U2.JG+1)/2*1)+((U3.JG+1)/2*2)

（3）表达式输入完成，切换到"输出格式"选项卡（见图 3-51）。根据设备通信要求，设定为以太网通信，输出格式为 ASCII，小数位数为 0，其他不变。单击"确定"按钮设定完成。

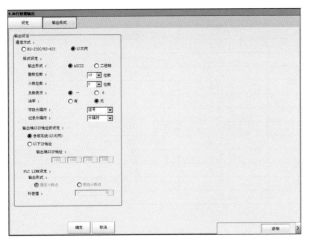

图 3-51 "输出格式"选项卡

 知识、技术归纳

　　智能视觉系统包括控制器、照相机和显示器，常用于物件、设备的识别与质量检测，要按照步骤一步一步完成。本任务从工件颜色识别、工件编号识别、工件高度识别、智能视觉表达式及输出结果四个子任务来演练智能视觉系统的工作过程。

 **工程创新素质培养**

　　智能视觉系统来判断信号的各种信息类别，除了颜色、编号、高度等，还能判别什么信号？对于一些模糊的信号有什么处理方法？

▶ 任务三　RFID读写调试

任务目标

　　1. 认识西门子 RF260R；
　　2. 会使用 RFID 软件进行电子标签读写。

子任务一　认识西门子RF260R

一、工件的电子标签

　　工业机械手与视觉系统中采用了西门子 RFID 识别系统对工件进行读写，可将工件信息写入电子标签或从电子标签中读出工件信息。

　　工件种类及写入编码如表 3-1 所示。

表 3-1　工件种类及写入编码说明

种类	编号	ASCII 码	种类	编号	ASCII 码
红 1	11	3131	H 红 1	51	3135
红 2	12	3231	H 红 2	52	3235
红 3	13	3331	H 红 3	53	3335
红 4	14	3431	H 红 4	54	3435

种类	编号	ASCII 码	种类	编号	ASCII 码
蓝 1	21	3132	H 蓝 1	61	3136
蓝 2	22	3232	H 蓝 2	62	3236
蓝 3	23	3332	H 蓝 3	63	3336
蓝 4	24	3432	H 蓝 4	64	3436
黄 1	31	3133	H 黄 1	71	3137
黄 2	32	3233	H 黄 2	72	3237
黄 3	33	3333	H 黄 3	73	3337
黄 4	34	3433	H 黄 4	74	3437
黑 1	41	3134	H 黑 1	81	3138
黑 2	42	3234	H 黑 2	82	3238
黑 3	43	3334	H 黑 3	83	3338
黑 4	44	3434	H 黑 4	84	3438

二、认识西门子RF260R

该 RFID 识别系统采用了西门子 RF260R 读写器、电子标签。

西门子 RF260R（见图 3-52）是带有集成天线的读写器。设计紧凑，非常适用于装配。该读写器配有：一个 RS-232 接口，带有 3964 传送程序，用于连接到 PC 系统、S7-1200、三菱等其他控制器。

图 3-52　西门子 RF260R 读写器

技术规范：工作频率为 13.56 MHz，电气数据最大范围为 135 mm，通信接口标准为 RS-232，额定电压为 DC 24 V，电缆长度为 30 m。

RFID 系统由电子标签、阅读器和天线等组成。

本系统的西门子 RFID 由 RF260R 读写器、RS-232 转 RS-422 转接模块、自制通信电缆组成。技术参数见表 3-2。

表 3-2　技术参数表

产品型号		读写器 RF260R
适用于		ISO 15693（MOBY D）电子标签
工作频率（额定值）		13.56 MHz
电气数据（最大范围）		135 mm
无线传输协议		ISO 15693,ISO 18000-3
使用无线传输的最大数据传输速率		26.5 kbit/s
点到点连接的最大串行数据传输速率		115.2 kbit/s
用户数据传输时间	每个字节的写访问典型值	0.6 ms
	每个字节的读访问典型值	0.6 ms
接口	电气连接的设计	M12, 8 针
通信接口标准		RS-422

子任务二　使用RFID软件进行电子标签的读写

使用现成的RFID软件对电子标签进行读写是比较方便的，你可以试一试。

一、器材准备

按表3-3准备装材，并连接完成。

表3-3　实训器材及相关说明

序号	实训器材	说　　　　明
1	计算机	带9针串口、安装有RFID TEST软件
2	RFID读写器	西门子RF260R
3	RS-232转RS-422转接模块	一个
4	RFID到转接模块电缆	一根
5	电子标签	若干

二、硬件连接

把RFID读写器连接电缆接到RS-232转RS-422转接模块的RS-422口上，再把RS-232口接到计算机的主机串口上，如图3-53所示。

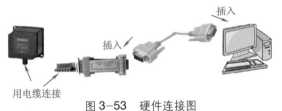

图3-53　硬件连接图

三、电子标签读写操作

1．软件注册

（1）将Mscomm.reg，Mscomm32.ocx，Mscomm32.dep三个文件复制到C:\windows\system32目录下。

（2）单击"开始"菜单，选择"运行"命令，输入Regsvr32 C:\windows\system32\Mscomm32.ocx，单击"确认"按钮，弹出注册成功对话框，如图3-54所示。

2．读写RFID

（1）进入RFIDTEST文件夹，双击"RFIDTest修改"图标，进入主界面,如图3-55所示。

（2）打开通信端口（COM1或其他），如图3-56所示。

（3）启动读写器，启动完成后，读写头指示灯常绿，如图3-57所示。

（4）读标签信息。单击"读标签"按钮，软件可以读取标签信息。此时如需要连续读标签，则选中"连续读标签"复选框。

图 3-54　注册成功　　　　　　　　图 3-55　主界面

图 3-56　打开 COM 端口　　　　　图 3-57　启动读写器

将电子标签放到 RFID 读写器上，RFID 指示灯由绿色变为红绿色。此时软件上可以看见读取的数据（见图 3-58），同时在软件上选择方式处白色方框变为绿色方框（注：只能在线存储 50 组数据，断电后清除数据）。

（5）写标签信息。在读写器启动后，直接将电子标签放在 RFID 读写器上，RFID 指示灯由绿色变为红绿色，此时软件白色方框变为绿色（表示已检测到标签，如图 3-59 所示）。

检测到标签后，可以将信息写入对话框中，如图 3-60 所示。

图 3-59　检测到标签

图 3-58　读标签操作　　　　　　　图 3-60　写入标签操作

信息写入完成，单击"写标签"按钮即可。（信息已经写入标签中）

用PLC来读写RFID数据时，需要自己编写PLC程序，具体请参见第四篇中相关内容。

 知识、技术归纳

　　RFID 识别系统是一种非接触式的自动识别技术，它通过射频信号自动识别目标对象并获取相关数据，识别工作无须人工干预，操作快捷方便。工业机械手与智能视觉系统中采用了西门子 RFID 识别系统对工件进行读写，可将工件信息写入电子标签或从电子标签中读出工件信息。

 **工程创新素质培养**

　　查找资料，掌握 RS-232 通信的原理，尝试利用 PLC 读写电子标签。

▶ 任务四　传送带调试

 任务目标

　　1. 能理解交流电动机、直流电动机的调速原理；

　　2. 会安装变频器和直流调速器；

　　3. 能进行交直流调试。

子任务一　环形传送带调试

1. 认识环形传送带

　　环形传送带由三菱 D700 系列变频器、三相交流减速电动机、环形链板（传送带）等组成，安装在型材实训桌上，用于传输工件，如图 3-61 所示。环形传送带使用的元器件如表 3-4 所示。

图 3-61　环形传送带示意图

表 3-4　环形传送带使用的元器件

序号	名称	型号	图片
1	三相交流减速电动机	01K3GN-D/0GN50K	
2	三菱 D700 系列变频器	FR-D720S-0.4kW-CHT	
3	环形链板	63 齿形链	

2．环形传送带调速控制

先来完成变频器及三相交流减速电动机的安装，再通过简单的操作完成三相交流减速电动机的启动和速度调节。

（1）完成变频器、三相交流减速电动机的接线，如图 3-62 所示。

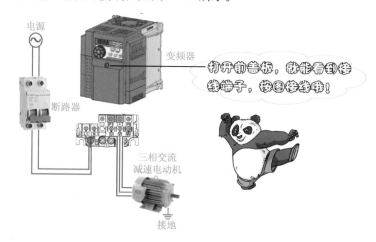

图 3-62　变频器及交流减速电动机的接线

（2）熟悉操作面板，进行参数的设置，方法可参考第二篇任务五。操作面板各部分名称如图 3-63 所示。

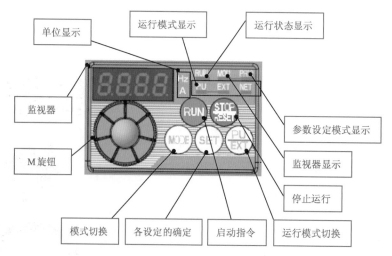

图 3-63　操作面板各部分名称

（3）手动实现变频器的点动操作：

① 合上断路器，变频器通电，显示的监视器界面如图 3-64 所示。同时按住 $\binom{PU}{EXT}$ 和 $\binom{MODE}$ 键 0.5 s，参数设定模式显示灯闪烁，如图 3-65 所示。

图 3-64　变频器通电

图 3-65　进入设置参数模式

② 旋转 旋钮，将值设定为 79-1，如图 3-66 所示，再按 $\binom{SET}$ 键确定，按 $\binom{MODE}$ 键，返回运行状态。按下启动指令键 $\binom{RUN}$，旋转 旋钮，观察环形传送带运行情况和监视器显示的频率。按下停止运行键，环形传送带停止运行。

图 3-66　设定为 PU 模式

环形传送带真的转起来了，而且旋转 🔵 旋钮运行速度在变化？

要能更好地掌握变频器，还需要学习更多啊！可以参见配套光盘D700使用手册（基础篇）.pdf和D700使用手册（应用篇）.pdf两个文档，学会参数复位、参数设置等基本操作。

（4）使用多种控制方式实现变频器的多段调速和无级调速。

案例一：通过选择开关进行电动机的正反转启动及调节电动机的转动速度。

参考以下步骤完成任务，重点掌握变频器EXT操作模式和三段式频率设置。

① 元器件准备，见表 3-5。

表 3-5　元　器　件

序　号	名　称	图　片	数　量
1	复合按钮		五个
2	三菱 D700 系列变频器		一台
3	三相交流减速电动机		一台

② 画出电气控制原理图，如图 3-67 所示，并按图接线。

③ 任务调试：

a. 合上断路器，变频器通电。

b. 变频器各参数复位，设置如表 3-6 所示参数。

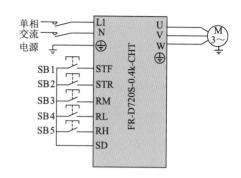

图 3-67 电气控制原理图

表 3-6 参 数 设 置

序号	参数代号	初始值	设置值	功能说明
1	Pr.1	120	50	上限频率（Hz）
2	Pr.2	0	0	下限频率（Hz）
3	Pr.3	50	50	电动机额定频率
4	Pr.4	50	40	多段速设定（高速）
5	Pr.5	30	25	多段速设定（中速）
6	Pr.6	10	10	多段速设定（低速）
7	Pr.7	5	2	加速时间
8	Pr.8	5	1	减速时间
9	Pr.79	0	2	外部运行模式选择

c. 同时按下 SB1 和 SB3，观察环形传送带运行情况。

d. 在正反转按钮（SB1、SB2）、频率按钮（SB3、SB4、SB5）中各选择一个按钮同时按下，观察环形传送带运行情况，注意防止误操作，比如不能同时按下 SB1、SB2 两个按钮。

e. 停止环形传送带。

 思考：如果SB3、SB4同时按下，变频器的运行频率为多少？如果需要更多的预设频率该如何设置？（提示：可预置16个频率值。）

案例二：通过选择开关进行电动机的正反转启动，旋转调速电位器对环形传送带进行无级调速。

参考以下步骤完成任务，重点掌握变频器EXT PU操作模式和连续频率调节。

① 元器件准备，见表3-7。

表3-7 元 器 件

序号	名 称	图 片	数 量
1	复合按钮		两个
2	旋转电位器		一个
3	三菱D700系列变频器		一台
4	三相交流减速电动机		一台

② 画出电气控制原理图，如图3-68所示，并按图接线。

③ 任务调试：

a. 合上断路器，变频器通电。

b. 变频器各参数复位，设置如表3-8所示参数。

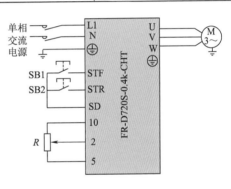

图 3-68 电气控制原理图

表3-8 参 数 设 置

序号	参数代号	初始值	设置值	功能说明
1	Pr.1	120	50	上限频率（Hz）
2	Pr.2	0	0	下限频率（Hz）
3	Pr.3	50	50	电动机额定频率
4	Pr.7	5	2	加速时间
5	Pr.8	5	1	减速时间
6	Pr.73	1	0	模拟量输入选择
7	Pr.79	0	2	外部运行模式选择

c. 按下按钮SB1，旋转调速电位器，观察环形传送带运行情况；也可以用万用表测量2号端与公共端电压，比较与频率之间关系。

d. 按下按钮SB2，旋转调速电位器，观察环形传送带运行情况；同样注意，操作时不要同时按下SB1和SB2。

案例三：使用 PLC，进行电动机的正反转启动及调节电动机的转动速度。

① 元器件准备，见表 3-9。

表 3-9 元 器 件

序号	名　　称	图　片	数　量
1	复合按钮		五个
2	FX3U 系列 PLC		一台
3	三菱 D700 系列变频器		一台
4	三相交流减速电动机		一台

② 画出电气控制原理图，如图 3-69 所示，并按图接线。

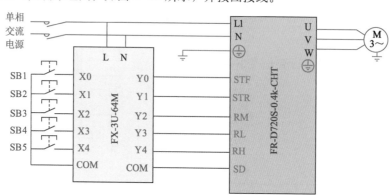

图 3-69　电气控制原理图

③ 任务调试：

a. 合上断路器，变频器通电。

b. 变频器各参数复位，设置如表 3-10 所示参数。

表 3-10　参 数 设 置

序号	参数代号	初始值	设置值	功能说明
1	Pr.1	120	50	上限频率（Hz）
2	Pr.2	0	0	下限频率（Hz）
3	Pr.3	50	50	电动机额定频率
4	Pr.4	50	40	多段速设定（高速）
5	Pr.5	30	25	多段速设定（中速）

序号	参数代号	初始值	设置值	功能说明
6	Pr.6	10	10	多段速设定（低速）
7	Pr.7	5	2	加速时间
8	Pr.8	5	1	减速时间
9	Pr.79	0	2	外部运行模式选择

c. 编写 PLC 控制程序，程序中可以编写一些互锁，防止人为误操作，参考程序如图 3-70 所示。

d. 按下 SB1 和 SB3，观察环形传送带运行情况。

e. 也可以在正反转按钮（SB1、SB2）、频率按钮（SB3、SB4、SB5）中各选择一个按钮按下，观察环形传送带运行情况；也可以在编程中加入其他的逻辑控制功能，而不需要改变 PLC 与变频器的接线。

f. 停止环形传送带。

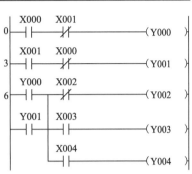

图 3-70　PLC 控制程序

在指导下完成了前面三个案例，下面的案例四，由徒儿你去完成。看看我们还缺什么东西吗？

案例四：使用 PLC，进行电动机的正反转启动及电动机的无极调速。

在设置参数时，要参考案例二的参数设置。在选择硬件时，除了案例三的 PLC 外，连接输入按钮和输出连接到 STF、STR 的正反转端子外，还需要使用 PLC 的模拟量 D/A 输出模块，这样才能在程序中编写控制调节输出电压/电流的信号。

总结：三菱 D700 系列变频器通过参数 Pr.79 的值来指定变频器的运行模式，设定值范围为 0，1，2，3，4，6，7。这七种运行模式的内容见表 3-11。

表 3-11　七种运行模式选择（Pr.79）

设定值	内　　　容	
0	外部/PU 切换模式，通过 PU/EXT 键可切换 PU 与外部运行模式。 注意：接通电源时为外部运行模式	
1	固定为 PU 运行模式	
2	固定为外部运行模式； 可以在外部、网络运行模式间切换运行	
3	外部／PU 组合运行模式 1	
	频率指令	启动指令
	用操作面板设定或用参数单元设定或外部信号输入 [多段速设定，端子 4-5 间（AU 信号 ON 时有效）]	外部信号输入（端子 STF、STR）

设定值	内　　容	
4	外部／PU 组合运行模式 2	
	频率指令	启动指令
	外部信号输入（端子 2、4、JOG、多段速选择等）	通过操作面板的 RUN 键或通过参数单元的 FWD、REV 键来输入
6	切换模式： 可以在保持运行状态的同时，进行 PU 运行、外部运行、网络运行模式间的切换	
7	外部运行模式（PU 运行互锁） X12 信号 ON 时，可切换到 PU 运行模式（外部运行中输出停止）； X12 信号 OFF 时，禁止切换到 PU 运行模式	

子任务二　直线传送带调试

师傅，直线传送带的工作原理是不是和环形传送带的工作原理一样？

先仔细看一下设备中使用的元器件。

1. 了解设备元器件

设备中使用的元器件见表 3-12。

表 3-12　元　器　件

序号	名　称	型　号	图　片
1	直流电动机	05ASGN-24V-10W-2000-2GN12.5K	
2	同步带轮	32-5M050BF	
3	同步带	2525-5M050	
4	编码器	EKP3808-001G2000BZ1-5L	
5	调速控制器	DC24-20BL-4Q02	

在实训装置中 MMT-4Q 调速控制器，各端口说明见表 3-13。

表 3-13　调速控制器各端口说明

端口	说明	端口	说明	端口	说明
DCIN+	直流电源连接端口	OUT+	直流电动机连接端口	C	OC 门报警端口
DCIN−		OUT−		E	
EN	使能控制端口	Dir	方向控制端口	S1、S2	信号输入端口
COM		COM		S3	

有了直流电动机、调速器、同步带轮、同步带就可以传送工件了，材料清单中编码器又有什么作用呢？编码器是配合工业机械手抓取在传送带上运动的工件的，用作传动机构的定位。

2．直线传送带调速控制

案例一：通过选择开关选择直流电动机的正反转，按下开关，直线传送带可以运动，旋转调速电位器调节直线传送带运动速度，观察速度的变化。

（1）元器件准备，见表3-14。

表3-14 元 器 件 表

序号	名　　称	图　　片	数　　量
1	复合按钮		两个
2	旋转电位器		一个
3	直流调速器		一台

（2）画出电气控制原理图，如图3-71所示，并按图接线。

（3）任务调试：

① 调节电位器，使S2输入端电压最小，为0 V。

② 按下按钮SB1，逐渐旋转电位器，使S2端电压逐渐变大，观察直流电动机正转速度。

③ 逐渐旋转电位器，使S2端电压逐渐变小，然后按下按钮SB2，观察直流电动机的转向变化。

④ 逐渐旋转电位器，使S2端电压逐渐变大，观察直流电动机反转速度。

⑤ 松开SB1，直流电动机停止。

案例二：使用PLC控制传送带的转向、启停、旋转速度。

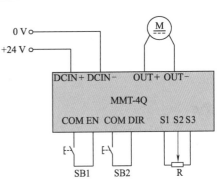

图3-71　电气控制原理图

重点掌握使用PLC及外部模拟量对调速器进行控制。

（1）元器件准备，见表 3-15。

表 3-15　元　器　件

序号	名　称	图　片	数　量
1	复合按钮		两个
2	FX3U 系列 PLC		一台
3	FX2N-2DA		一台
4	直流调速器		一台

（2）连接与使用 FX2N-2DA 模块。D/A 转换就是将离散的数字量转换为模拟量的过程。现在使用了 FX2N-2DA 模块，该模块实现将数字量转换成模拟量，在变频器模拟量无级调速中也可以使用，基本的原理在第二篇任务六中介绍了。

在该案例中，对 MMT-4Q 使用外部模拟量输入控制，在 S2 端子上输入 0 ~ 10 V 电压，进而调节直流电动机的转速。0 ~ 10 V 的电压模拟量就是通过 FX2N-2DA 这个模块转换得到的。

先学习 FX2N-2DA，重点理解怎样将数字量输入，以及如何输出模拟量？如何进行传送与启动转换？

FX2N-2DA 工作过程：PLC 将需要转换的数字量传入 FX2N-2DA 模块指定的特殊寄存器，然后启动转换（也是对特殊寄存器进行操作），在相应端口就输出对应的模拟量了。

表 3-16 所示为 FX2N-2DA 特殊寄存器，其中 BFM#16 的 b0 ~ b7 是需要转换的 8 位数字量，由于 FX2N-2DA 是 12 位精度的，所以先需要传入低 8 位，低 8 位保持后再传入高 8 位。BFM#17 的 b0，b1 位是启动转换的。BFM#17 的 b0 由 1 变为 0，通道 2 的 D/A 转换开始；BFM#17 的 b1 由 1 变为 0，通道 1 的 D/A 转换开始。

表 3-16　FX2N-2DA 特殊寄存器

BFM 编号	b15 ~ b15	b7 ~ b3	b2	b1	b0
#0 ~ #15	保留				
#16	保留	输出数据的当前值（8 位数据）			

BFM 编号	b15 ~ b15	b7 ~ b3	b2	b1	b0
#17	保留		D/A 低 8 位 数据保持	通道 1 D/A 转换开始	通道 2 D/A 转换开始
#18 或更大	保留				

FX2N-2DA 样例程序及注释，如图 3-72 所示。

看下面这个样例，功能为：按下 X0，将 D100 中的数据传入 FX2N-2DA 进行转换，并在通道 1 上输出模拟量。

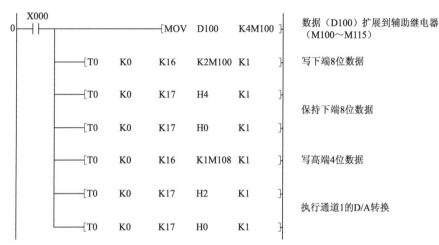

图 3-72　FX2N-2DA 样例程序及注释

思考：为什么需要执行 MOV D100 K4M100？K4M100 表达式的含义是什么？

（3）画出电气控制原理图，如图 3-73 所示，并按图接线。

（4）编写 PLC 控制 MMT-4Q 程序。

① 电动机的启动／停止、正反转控制程序，如图 3-74 所示。

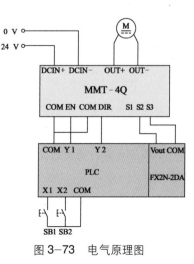

图 3-73　电气原理图

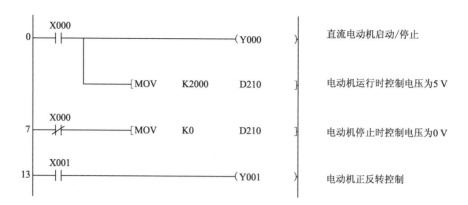

图 3-74 电动机的启动 / 停止、正反转控制

② D/A 转换程序，如图 3-75 所示。

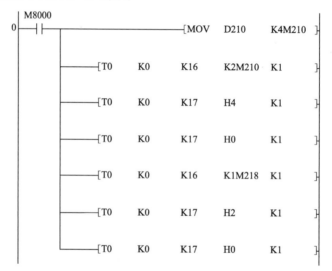

图 3-75 D/A 转换程序

完整程序参考随书光盘第三篇中相关内容。

知识、技术归纳

环形传送带由变频器、三相交流减速电动机、环形链板（传送带）、对射传感器等组成，安装在型材实训桌上，用于传输工件。

直线传送带由直流电动机、减速器、直流调速器、同步带等组成。

工程创新素质培养

归纳总结常见的交直流电动机调速方法。

第四篇

项目实战——

工业机械手与智能视觉系统的安装调试

成高手，得实战，综合应用系统核心技术。

工业机械手与智能视觉系统（见图 4-1）高度体现了机电一体化装备智能制造的特征，其机械手部分负责工件夹取、装配、入库；智能视觉部分负责工件颜色、编号、高度检测；RFID 部分负责读写工件信息，机械部分和电气部分通过 PLC 控制部分调度、密切协同，使工业机械手与智能视觉系统按工作要求高效可靠运行。

图 4-1 工业机械手与智能视觉系统

想不想亲手做一做呢？那要闯过工业机械手设备安装、工业机械手设置与编程调试、智能视觉系统安装调试、PLC主控程序设计、工业以太网的组网与编程实现六大难关，才能最终完成，把前面所学到的知识和技能充分展现出来吧，加油！

工业机械手与智能视觉系统的工作目标如下：

任务一 工业机械手设备安装

任务目标

1. 认识 RV-3SD 六自由度工业机械手本体结构组成；
2. 掌握 RV-3SD 六自由度工业机械手本体与机械手底座的连接和安装；
3. 掌握 RV-3SD 六自由度工业机械手器件的连接和安装。

子任务一 工业机械手本体安装

在项目演练篇中，掌握了 RV-3SD 六自由度工业机械手的基本功能和常用操作，现在就要从它的机械安装开始深入认识，机械系统就像人的身体骨骼，没有强健的身体就没有健康的体魄。工业机械手本体安装是指机械手本体与底座连接和安装。好的机械安装才有好的运动性能。

机械手要能高效精确地执行动作，底座十分重要。底座是机械手的基础部分，机械手执行机构的各部分和驱动系统均安装于底座上，起到支撑和连接的作用。

一、机械手底座的安装

先根据工作空间的范围，特别是要注意机械手臂的展开距离、运转距离等要求，来合理摆放机械手的底座位置，然后开始安装机械手底座。

机械手底座的安装主要使用的工具是内六角扳手和活扳手。机械手底座的安装步骤如表4-1所示。

表4-1　机械手底座的安装步骤

安 装 步 骤	安 装 说 明	图 解 示 意
步骤1	清理安装机械手底座的铝型材平板，调整镶嵌在平板内部的螺母位置，方便机械手底座的安装	
步骤2	将机械手底座搬运至铝型材平板上，可利用内六角扳手将安装孔与螺母对齐	
步骤3	依次为机械手底座上的安装孔装上螺钉、垫片和钢圈	
步骤4	利用内六角扳手对机械手底座各安装孔进行初次固定	
步骤5	利用内六角扳手对机械手底座各安装孔进行深度固定	
步骤6	机械手底座安装完毕	

二、机械手本体的安装

机械手本体的安装主要使用的工具是内六角扳手和活扳手。机械手本体的安装步骤如表 4-2 所示。

表 4-2 机械手本体的安装步骤

安 装 步 骤	安 装 说 明	图 解 示 意
步骤 1	将机械手本体搬运至机械手底座上，机械手安装孔与底座安装孔对齐。注意机械手的方向，使工作区间能涵盖到整个工作的主要部件位置。正确方向应该是抓手位置正对传输带	
步骤 2	手动依次为机械手本体上的安装孔装上螺钉、垫片、钢圈和螺母	
步骤 3	利用内六角扳手对机械手本体各安装孔进行深度固定	
步骤 4	机械手本体安装至底座完毕	

徒儿，自己亲自动手安装尝试一下吧，搬运工业机械手时要小心，它有一定的分量哦。

子任务二 工业机械手器件安装

师傅，我已经迫不及待啦！

徒儿，现在我们来进行机械手器件的安装吧！

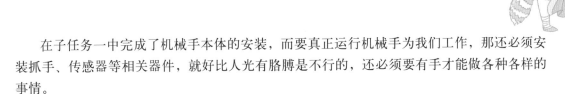

在子任务一中完成了机械手本体的安装，而要真正运行机械手为我们工作，那还必须安装抓手、传感器等相关器件，就好比人光有胳膊是不行的，还必须要有手才能做各种各样的事情。

一、机械手法兰与抓手的连接和安装

师傅，你看我的手多灵活啊，哈哈！

机械手抓手构造是模仿人的手指进行设计的，用来实现夹取、装配、搬运对象等功能，RV-3SD六自由度工业机械手抓手为无关节、二指型。

机械手法兰与抓手的连接和安装步骤如表4-3所示。

表4-3　机械手法兰与抓手的连接和安装步骤

安 装 步 骤	安 装 说 明	图 解 示 意
步骤1	原装出厂的机械手本体初始状态。准备抓手法兰及安装螺钉、垫片、钢圈	
步骤2	利用内六角扳手将抓手法兰安装到机械手本体上并固定	
步骤3	利用内六角扳手对抓手大口气夹各安装孔进行深度固定	
步骤4	利用内六角扳手对不带吸气口的抓手左侧板进行安装固定，再安装固定右侧板	
步骤5	机械手法兰与抓手安装完毕	

二、机械手相关传感器与电磁阀的连接和安装

电磁阀安装前，须完成焊接工作，使用电烙铁连接电磁阀控制信号（须用热缩管绝缘），电磁阀控制信号连接如表4-4所示。

表4-4 电磁阀控制信号连接

电磁阀组别与端号	控 制 线	GR1端口号
第一组 A 端	红色线	A1
	黑色线	A4
第一组 B 端	红色线	A1
	黑色线	A3
第二组 A 端	红色线	A1
	黑色线	B2
第二组 B 端	红色线	A1
	黑色线	B1

抓手输入信号接线：使用提供的电烙铁将两只磁性开关和光纤传感器的信号输出端与抓手输入信号接口线（弹簧线）HC端相连（须用热缩管绝缘），使用一对8P的AMP接插件，抓手输入信号连接如表4-5所示。

表4-5 抓手输入信号连接

元 器 件	AMP插头端(D-2)	AMP插帽端(D-2100)	HC端
光纤传感器（棕色线）	A1 红色	A1 红色	黄色
光纤传感器、两只磁性开关（三根蓝色线合在一起）	A2 棕色	A2 棕色	绿色
磁性开关1(棕色线)	A3 绿色	A3 绿色	紫色
磁性开关2(棕色线)	B1 黄色	B1 黄色	棕色
光纤传感器（黑色线）	B2 白色	B2 白色	蓝色

机械手相关传感器与电磁阀的连接和安装步骤如表4-6所示。

表4-6 机械手相关传感器与电磁阀的连接和安装步骤

安装步骤	安 装 说 明	图 解 示 意
步骤1	手动将两个气动接头安装在抓手大口气夹上	
步骤2	利用活扳手对气动接头进行安装固定	

安装步骤	安 装 说 明	图 解 示 意
步骤 3	在抓手大口气夹上安装两个磁性开关	
步骤 4	连接抓手气路,用扎带整理固定线束	
步骤 5	电磁阀放置在安装板上,套上热缩管并进行焊接,焊接完成后热封。整理电池阀线束,用扎带固定	
步骤 6	机器人本体安装电磁阀 GR1、HC1、HC2,气路安装	
步骤 7	电磁阀盖板进行安装固定,盖上安装板	
步骤 8	安装固定真空发生器	
步骤 9	安装光纤传感器支架,固定好光纤传感器	
步骤 10	连接真空发生器、光纤传感器气管	

安装步骤	安 装 说 明	图 解 示 意
步骤 11	机械手相关传感器与电磁阀安装完成	

任务评价

在完成了整个任务一之后，教师和学生都要对任务一的完成情况进行评价，同时教师要对学生的表现进行评价。将评价结果填入表 4-7 中。

表 4-7　任务一完成情况评价表

姓　名		队友		开始时间			
专业／班级				结束时间			
项目内容	考核要求	配分	评分标准		自评	互评	教师评
机械手本体安装	(1) 确定安装位置和方向； (2) 固定所有螺钉	15	(1) 机械手底座、本体安装方向错误，每项扣 3 分； (2) 机械手底座、本体安装少固定螺钉，每个扣 1 分				
机械手本体连接	(1) 连接两条数据电缆； (2) 安装气动元件	15	(1) 本体与控制器的电缆线两条，错一条扣 4 分； (2) 机械手本体的气动阀门等元件安装错，每处扣 3 分				
机械手本体上部件安装	(1) 法兰、抓手安装到位； (2) 光纤、磁控等传感器安装到位； (3) 真空发生器、电磁阀安装到位	25	(1) 抓手法兰、气夹安装错误，扣 3 分； (2) 两个侧板、两个气动接头、两只磁性开关安装到大口气夹，错一处扣 1 分； (3) 光纤传感器接收器、真空发生器安装不到位，扣 2 分； (4) 电磁阀安装不到位（方向错误、少固定螺钉），扣 2 分				
机械手本体上部件连接	(1) 所有气动元件的回路连接； (2) 传感器的电路连接； (3) 内置安装完毕	25	(1) 电磁阀控制、抓手输入信号接线有误，每处扣 1 分； (2) HC1、HC2、GR1 对插焊接连接有误，每处扣 1 分； (3) 本体内白色气管、吸盘、抓手开、抓手合气管连接错误，每处扣 1 分				
职业素养与安全意识	安全	10	现场操作安全保护符合安全操作规程				
	规范	5	(1) 工具未摆放整齐，扣 1～2 分； (2) 导线线头处理不规范，扣 1～2 分； (3) 走线工艺不规范，视情况扣 1～2 分				
	纪律	5	遵守课堂纪律，尊重教师和同组成员，爱惜赛场的设备和器材，保持工位的整洁				

姓　　名		队友		开始时间			
专业／班级				结束时间			
项目内容	考核要求	配分	评分标准		自评	互评	教师评
成绩合计							
自我点评							
队员点评							
教师点评							

 知识、技术归纳

机械手主要由执行机构、驱动机构和控制系统三大部分组成。机械手的执行机构分为抓手、手臂和底座。通过本任务的学习，完成了机械手底座、本体、抓手及传感器的安装，借以增强机械手机械结构和电气元件认识。

 **工程创新素质培养**

合理选择机械部件的安装位置，合理选择螺钉、螺母的型号和安装工具，注意安装螺钉、螺母的步骤，查阅资料选择合适的机械部件，并且引申到其他类型机械手系统的安装和应用。

▶ 任务二　工业机械手设置与编程

任务目标

1. 了解掌握工业机械手工作过程；
2. 了解工业机械手跟踪抓取功能的实现方法；
3. 掌握工业机械手程序的编写和调试。

子任务一　工业机械手工作过程分析

师傅，机械手装好了，那它整个工作流程是什么样的？

问得好！下面来介绍工业机械手整个工作流程。

工业机械手程序整个工作流程主要包括以下几个部分：

（1）从 PLC 读取工件信息。

（2）跟踪抓取工件。

（3）横向、竖向视觉检测；

（4）工件分拣装配、工件盒工件盖装备、入库等。工业机械手软件流程图如图4-2所示。

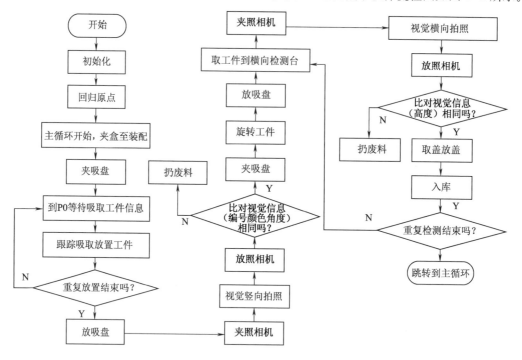

图4-2　工业机械手程序软件流程图

子任务二　工业机械手夹盒中的翻转功能

机械手从P1初始位置开始，将出盒台上的工件盒依次夹取到1号、2号、3号装配台的实现方法已在第三篇子任务三中详细阐述，这里我们一起来思考一下：在机械手夹盒过程中，当发现盒子放反时，机械手如何完成盒子的翻转功能？

要完成该任务，有以下两个注意要点：

（1）盒子正反信息的检测：这里通过出盒台上的电容传感器来检测盒子的正反，然后通过PLC送给机械手，指令 Wait M_In(8)=1 即为此作用。

（2）机械手180°翻转：通过关节坐标系中J6数值来实现翻转，具体来说J6在原来数值基础上加上或减去180°。参考程序如下：

```
j3=(+0.00,+0.00,+0.00,+0.00,+0.00,+0.00)
j3.J6=Rad(180)
j4=J_Curr-j3
```

注意，别忘了完成盒子放置后，还要将机械手翻转回来。

子任务三　工业机械手工件旋转功能

当工件盒中的工件放置角度不符合标准时，机械手要能对工件角度进行调整，使工件编号方向一致，这又是如何来实现的呢？

要完成该任务，有以下两个注意要点：

（1）工件角度信息的检测：视觉系统检测出来的角度信息，通过以太网传输给机械手，机械手对角度信息（存放在 m202）进行处理。例如，当角度绝对值小于 5 时，对工件不作处理；当角度绝对值大 5 时，对工件按角度偏差进行逆向旋转。

（2）机械手进行旋转所用工装应为吸盘工装。

工件旋转角度的编程可参考本任务的子任务二中的翻转功能程序。

任务评价

在完成了整个任务二之后，教师和学生都要对任务二的完成情况进行评价，同时教师要对学生的表现进行评价。将评价结果填入表 4-8 中。

表 4-8　任务二完成情况评价表

姓　　名		队友		开始时间		
专业／班级				结束时间		
项目内容	考核要求	配分	评分标准	自评	互评	教师评
设置机械手参数	(1) 设置机械手基本工作与网络参数； (2) 设置机械手原点； (3) 设置机械手跟踪参数	15	(1) 序列号、跟踪许可、专用 I/O 设置错误，各扣 1 分； (2)以太网通信参数(PLC、视觉)设置，错一处扣 1 分； (3) 机械手原点设置不正确(偏差大于 5 mm)，扣 1 分； (4) 机械手跟踪参数设置(调试 A、C程序)，错误扣 2 分			
分拣功能	(1) 编程实现分拣功能； (2) 能按照指定工件槽放置工件盒废品； (3) 工件放置时位置微调功能	15	(1) 不能实现分拣功能，扣 2 分； (2) 分拣信息不能通过太网传输获得，扣 1 分； (3) 不能将有用工件放置指定工件槽，扣 1 分； (4) 不能将无用工件放废品框，扣 1 分； (5) 分拣过程、角度调整过程中不能实现位置微调功能，扣 2 分			
视觉检测	(1) 完成视觉竖向检测； (2) 完成视觉横向检测； (3) 完成视觉角度检测	15	(1) 不能实现视觉竖向、横向、角度检测，每项扣 2 分； (2) 不能获得视觉检测数据，扣 1 分； (3) 不能比对编号、颜色是否合格工件，每项扣 0.5 分			
加工件盖、入库	(1) 实现加工件盖、入库； (2) 优化装配操作	8	(1) 不能实现加工件盖、入库，扣 3 分； (2) 无法检测仓库是否为空，扣 1 分； (3) 仓库位置设置错误，扣 1 分； (4) 仓库优先级错误，扣 1 分； (5) 不能实现工件盒为空时，不放盒子、不拍照、不进行角度调整操作，每项扣 1 分			
第二次装配任务	完成第二次装配任务	15	(1) 不能实现第二次装配任务，扣 7 分； (2) 不能将工件盒取到装配台上、不能用视觉照相机对各工件槽拍照、不能获得视觉检测数据、不能实现第二次装配任务分拣、不能实现视觉竖向横向角度检测比对、不能实现高低检测对比、不能实现加盖入库，每项扣 1 分			
位置点设置	示教测位置点	12	46 个位置点，少一个扣 0.5 分			
职业素养与安全意识	安全	10	现场操作安全保护符合安全操作规程			
	规范	5	正确使用和操作计算机、设备			
	纪律	5	遵守课堂纪律，尊重教师和同组成员，爱惜赛场的设备和器材，保持工位的整洁			
成绩合计						
自我点评						
队员点评						
教师点评						

知识、技术归纳

工业机械手工作流程分析是编好程序的基础，有利于理清编程思路，用较优化的结构完成机械手编程。系统调试时机械手工作时要弄清它与其他设备进行通信的输入／输出信号，同时要仔细体会翻转盒盖和工件旋转功能中用到的角度编程方法。

工程创新素质培养

可以在设备上自己设计工作任务及流程，掌握工业机械手的编程与调试。

▶任务三 智能视觉系统安装调试

任务目标

1. 学会欧姆龙FZ4系列智能视觉系统的安装与测试；
2. 能运用视觉编辑软件对智能视觉系统进行通信设置；
3. 掌握欧姆龙FZ4系列智能视觉系统对工件颜色、编号、高度、角度进行检测。

智能视觉系统是用于检测工件的数量、颜色、形状等特征，并对装配效果进行实时检测操作。智能视觉系统要求调整视觉传感器镜头焦距，使视觉传感器能稳定、清晰地摄取图像信号。设置好视觉控制器启动设定、网络参数，使视觉控制器能通过以太网与机械手传输数据。

子任务一 智能视觉系统的安装

THMSRB-3型工业机械手与智能视觉系统应用实训平台实训装置采用的是FZ4-350 BOX型控制器，其系统安装如图4-3所示。

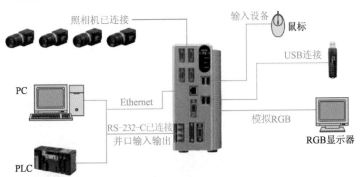

图4-3 FZ4-350 BOX型控制器系统安装图

想记录眼前美景带回去给家人和朋友分享？不用再将照片冲洗出来，只须掏出手机轻轻一点，然后通过电信或移动网络实时传送照片与家人朋友分享；甚至你可以眨一眨眼，利用佩戴的轻巧时尚的谷歌眼镜就能立刻拍出眼前图景并实现照片上传……这些以往多是在电影中看到的画面，现已成为普通人可以触摸到的现实。视觉系统"网络化"——这一"千里眼"正以巨大的能量，改变着人们的生活和工作方式。

师傅，FZ4-350智能视觉系统把信息送到哪去了？

徒儿，想想人类如何通过眼睛和手拿东西的。

欧姆龙智能视觉系统主要采用 FZ4-350 BOX 型控制器、FZ-SC 彩色摄像机、白色光源、12 英寸液晶显示器和输入／输出电缆。用于对传输线上经过的工件进行拍照检测后输出对应信号到可编程逻辑控制器。

用欧姆龙 FZ4 系列智能视觉系统编辑软件完成通信设置，将检测结果输送至机械手控制器。

上一个子任务我学会了硬件安装与测试，软件应用是我特项，快讲讲设置步骤吧！

FZ4 系列智能视觉系统编辑软件的通信设置流程，见表 4-9。

表 4-9　FZ4 系列智能视觉系统编辑软件的通信设置流程

步骤	操作	图　解　示　意
步骤 1	开启智能视觉系统电源，进入操作系统后，进入主界面	

步骤	操 作	图 解 示 意
步骤 2	在主界面左上角单击"系统"菜单,在弹出的下拉菜单中,选择"控制器"命令,再选择"启动设定"命令,进入启动设定界面	
步骤 3	在"启动设定"对话框中设置"一般"界面功能参数	
步骤 4	在"启动设定"窗口中设置"通信模块"界面功能参数,设定完成,单击"确定"按钮	
步骤 5	在主界面左上角单击"系统"菜单,在弹出的下拉菜单中选择"通信"命令,再选择"Ethernet:无协议(TCP)"命令	

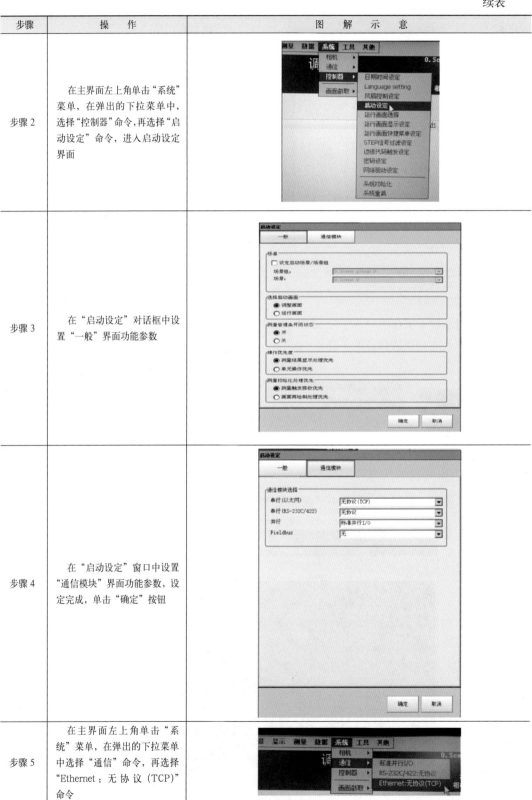

第四篇 项目实战——工业机械手与智能视觉系统的安装调试

135

步骤	操 作	图 解 示 意
步骤6	弹出"以太网"对话框,设置相关参数,设置完成后单击"确定"按钮,完成智能视觉系统通信设置	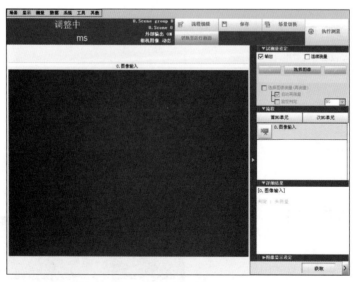

子任务三　工件视觉检测

正确的信息对于工业生产是十分重要的,错误的信息不仅仅带来产品质量上缺陷,更重要的是引起生产效率和经济利益的下降。

（1）在主界面（见图4-4）单击"流程编辑"按钮,弹出"流程编辑界面"（见图4-5）。

图4-4　主界面

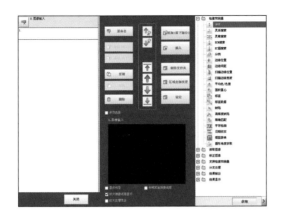

图 4-5　流程编辑界面

（2）完成工件录入（见图 4-6），用于检测工件的颜色、编号、角度。

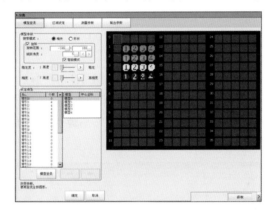

图 4-6　工件录入完成界面

（3）完成工件高度检测（见图 4-7）。

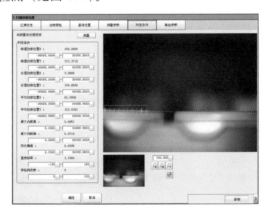

图 4-7　工件高度检测界面

（4）串行数据输出（表达式）。单击串行数据输出图标，弹出表达式设定对话框，根据以上实训设计出四个表达式，参照图 4-8 依次设置。

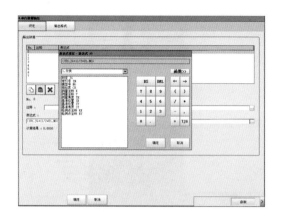

图 4-8　编号表达式

表达式如下：

编号表达式：No.0　((U1.JG+1)/2*U1.NO)

颜色表达式：No.1　(((U1.JG+1)/2*U1.IN)+100)

角度表达式：No.2　((U1.JG+1)/2*U1.TH)

尺寸测量表达式：No.3　((U2.JG+1)/2*1)+((U3.JG+1)/2*2)

表达式输入完成，单击"确定"按钮，并切换到"输出格式"选项卡（见图 4-9）。根据设备通信要求，设定为以太网通信，输出形式为 ASCII，小数位数为 0，其他不变。单击"确定"按钮设定完成。

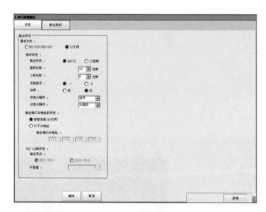

图 4-9　输出格式设定界面

在完成了整个任务三之后，教师和学生都要对任务三的完成情况进行评价，同时教师要对学生的表现进行评价。将评价结果填入表 4-10 中。

表 4-10　任务三完成情况评价表

姓　　名		队友		开始时间			
专业／班级				结束时间			
项目内容	考核要求	配分	评分标准		自评	互评	教师评
镜头焦距调整	正确进行镜头焦距调整	8	视觉镜头调整不合理，扣4分				
视觉参数设置	正确进行视觉参数设置	12	(1) 启动设定设置错误，扣3分； (2) 网络参数设置错误，扣3分				
视觉流程编辑	正确进行视觉流程编辑	32	(1) 流程编辑不能区分工件编号，少一种扣4分，共16分； (2) 流程编辑不能区分工件颜色，少一种扣4分，共16分				
表达式编辑	串行数据输出编辑表达式，结果通过以太网输出。	28	(1) 编号检测表达式错误，扣6分； (2) 颜色检测表达式错误，扣6分； (3) 角度偏差检测表达式错误，扣6分； (4) 高度检测表达式错误，扣6分； (5) 检测结果不能通过以太网输出，扣4分				
职业素养与安全意识	安全	10	现场操作安全保护符合安全操作规程				
	规范	5	正确使用和操作计算机、设备				
	纪律	5	遵守课堂纪律，尊重教师和同组成员，爱惜赛场的设备和器材，保持工位的整洁				
成绩合计							
自我点评							
队员点评							
教师点评							

知识、技术归纳

　　智能视觉系统通信采用以太网无协议格式进行通信，设置完成后须保存。通过本任务的学习，应掌握运用视觉编辑软件对 FZ4 系列智能视觉系统进行通信设置，熟悉工业以太网的应用。

工程创新素质培养

　　合理进行软件设置操作，查阅视觉系统的通信网络设置方法，对检测其他参数的表达式进行训练。

▶ 任务四　PLC主控程序设计

任务目标

　　1. 完成控制系统电气安装与接线；

　　2. 完成 RFID 数据传输通信设置与编程；

　　3. 完成 PLC 主程序设计与编程。

完成控制柜中机械手控制器、PLC主机及扩展模块、变频器、直流调速、电源模块的安装与接线，具体要求如下：

● 在控制柜的平台上安装机械手控制器；
● 安装PLC主机及扩展模块到控制柜网孔板上的安装导轨中；
● 安装变频器、直流调速器、以太网路由器、电源到控制柜网孔板上；
● 根据设备接线图，连接PLC主机、数字量扩展输入模块的信号线接到网孔板接线端子排上的相应端子上；
● 根据设备接线图，连接变频器、调速控制器的接口电路。

THMSRB-3型工业机械手与智能视觉系统应用实训平台的控制元器件主要有机械手控制器、PLC、变频器、直流调速器、选择开关、电源等，这些元器件都安装在控制柜内。

机械手本体与机械手控制器之间通过快速接头连接，如图4-10所示。控制柜内PLC等控制器件与和设备上的元器件通过航空插头连接，如图4-11所示。

控制柜如何和设备上的各个执行元器件连接呢？

(a)电动机连接接头   (b)编码器连接接头

图4-10 快速接头

图4-11 航空插头

控制柜内端子排如图4-12所示。

图4-12 控制柜内端子排

设备台上输送单元和装配单元各有一个端子排，相应的元器件分别连接到端子排，分别是输送单元（见图4-13）和装配单元（见图4-14）的端子排。

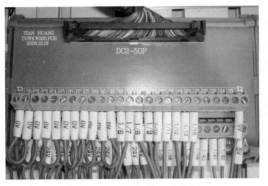

图 4-13　输送单元端子排

图 4-14　装配单元端子排

各端子排与航空插头相连接，设备和控制柜之间通过航空插头电缆连接，具有快速方便的特点。

第一步，我来选好元件，布置在控制柜中。

机械手控制器、PLC、变频器、拨动开关、直流调速器、电源如图 4-15 所示。

(a) 机械手控制器

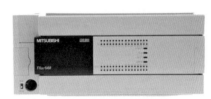

(b) PLC

(c) 变频器

(d) 拨动开关

(e) 直流调速器

(f) 电源

图 4-15　控制柜元器件

（1）机械手控制器的连线。机械手控制器安装在控制柜上部，安装于平台上面后用螺钉固定，如图 4-16 所示。

（2）网孔板上元器件安装。PLC、变频器、直流调速器、选择开关、电源等都安装于网孔板上。安装前网孔板如图 4-17(a) 所示，安装完成后如图 4-17(b) 所示。

用螺钉固定　安装于此平台

图 4-16　机械手控制器安装

(a)安装前

(b)安装完成

图 4-17　元器件安装

按照网孔板安装区域布置图（见图 4-18）安装元器件。

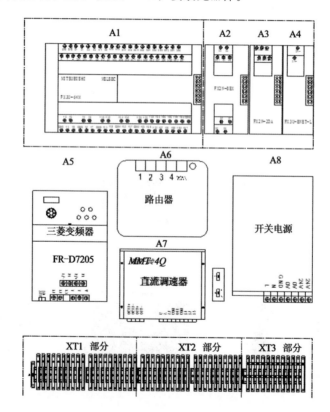

图 4-18　网孔板安装区域布置图

① PLC 及各扩展单元的安装。PLC 及各扩展单元（扩展单元、DA 单元、以太网单元）采用导轨固定的方式安装，利用各单元底板上的 DIN 导轨安装杆将各单元安装在导轨上（见图 4-19）。安装时，各安装单元与安装导轨槽对齐向下推压即可。将该单元从导轨上拆下时，需用一字头的螺丝刀向下轻拉安装杆。

图 4-19　PLC 及各扩展单元的安装

②　变频器的安装。利用变频器外壳四个角上的安装孔，用规格为 M4 的螺钉将变频器固定在网孔板上，如图 4-20 所示。

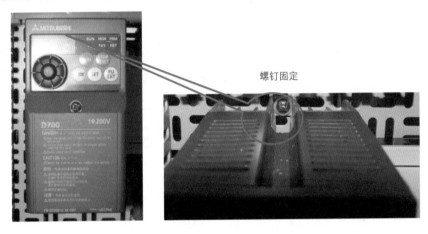

螺钉固定

图 4-20　变频器的安装

③　直流调速器的安装。利用直流调速器外壳四个角上的安装孔，用规格为 M4 的螺钉将直流调速器固定在网孔板上，如图 4-21 所示。

④　拨动开关及电源的安装。拨动开关及电源的安装如图 4-22 所示。

图 4-21　直流调速器的安装

图 4-22　拨动开关及电源的安装

工业机械手真神奇，真灵活，比赛真是太有趣了！

（3）电源进线，开关电源接线。控制柜接入 220 V 单相交流电源，首先接入断路器，然后由断路器连接到各个用电模块（PLC、变频器、机械手控制器和平台）。

（4）机械手控制器接线。机械手控制器接口如图 4-23 所示，需要连接的有电源、编码器电缆、电动机电缆、I/O 电缆等。

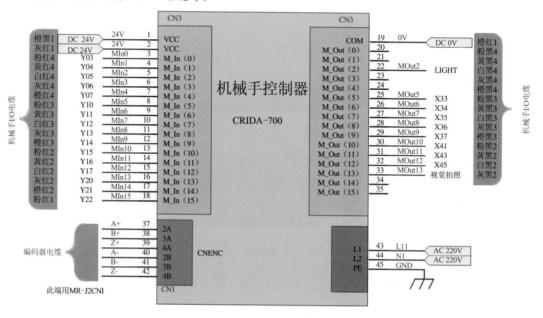

图 4-23　机械手控制器接口

电源线连接如图 4-24 所示，打开控制器前下部面板，用螺丝刀在电源端口上连接 220 V 交流电源和接地。

控制器与机械手本体上编码器、电动机、I/O 电缆的连接如图 4-25 所示。

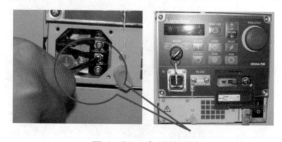

图 4-24　电源线连接

图 4-25　机械手电缆连接

电动机电缆连接
编码器电缆连接
I/O 电缆连接

（5）PLC 接线。PLC 系统的接线主要包括电源接线、接地、I/O 接线及对扩展单元接线等。

FX3U-64M 的三菱 PLC 使用交流 200 ～ 240 V 的工业电源。FX 系列 PLC 的外接电源端位于输出端子板左上角的两个接线端。

PLC 与控制柜端子排接线如图 4-26 所示，该部分接线为 PLC 与机械手、输送单元、装配单元之间的接线。

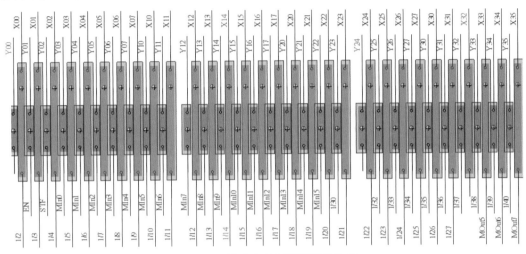

图 4-26　PLC 与控制柜端子排接线

（6）扩展单元接线。扩展单元共有 FX2N-8EX，FX2N-2DA、FX3U-ENET-L 三个模块。它们与 PLC 的连接如图 4-27 所示，首先将元器件安装于导轨上，安装方法与 PLC 的安装一致，然后将数据线连接于前一个模块的插槽中。

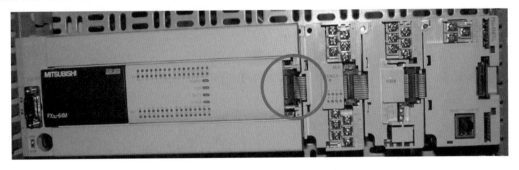

图 4-27　扩展单元与 PLC 的连接

（7）变频器接线。变频器的接线包括电源接线（L1、L2）、电动机接线（U、V、W）、启动信号接线（STF、SD），如图 4-28 所示。

（8）直流调速器接线。直流调速器接线包括电源接线（DCIN+、DCIN−）、电动机接线（OUT+、OUT−）、速度控制接线（S2、S3）和正转接线（DIR、COM），如图 4-29 所示。

图 4-28　变频器接线

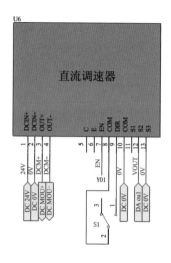

图 4-29　直流调速器接线

子任务二　RFID数据传输通信设置与编程

为配合项目整体调试，编写PLC程序，要求实现以下功能：

PLC能够通过串行通信对RFID系统进行操作，完成工件内电子标签数据写入。电子标签数据内容（见表3-1）。

以启动过程为例，说明 RFID 与 PLC 数据传输通信的过程，具体用 PLC 读写标签的完成程序，请读者参考配套光盘自行完成。

（1）设置通信格式，参考程序如图 4-30 所示。

（2）启动过程：发送数据 02，参考程序如图 4-31 所示。

发送数据 0a　00　00　00　25　02　00　00　01　00　01　10　03　3e，参考程序如图 4-32 所示。

发送完成，待定接收到数据 02 时，按下 X1，开始下一步，参考程序如图 4-33 所示。

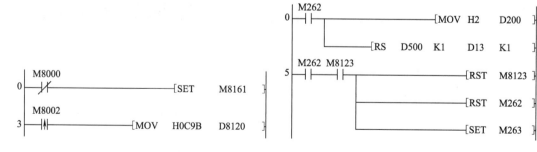

图 4-30　设置通信格式

图 4-31　发送数据

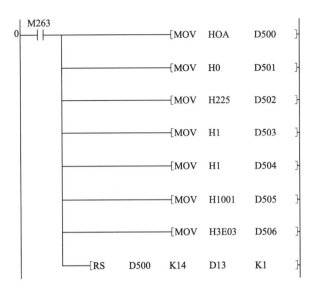

图4-32 发送数据串

图4-33 接收数据

子任务三　PLC主控程序设计与调试

编写PLC主控程序，要求实现以下功能：

1. 程序初始化、急停及复位的处理

● 利用M8002辅助继电器在上电后完成初始化；

● 按下面板上的"复位"键，程序开始复位，机械手回到初始位置，各气缸复位；复位完成后"运行指示灯"闪烁；

● 急停按钮按下后，直线传送带和环形传送带立即停止，机器人伺服断电并急停，运行灯以1 Hz频率闪烁。按下复位和启动按钮3 s后，进行复位处理后继续运行。

2. 输送单元编程

● 工件料库检测到有工件后，四个料库分时各自推出一个工件；

● 环形传送带控制，当工件从料筒推出时，环形传送带启动，工件装配结束后，环形传送带停止，传送带运转速度与装配过程相匹配，使工件装配流畅不停滞；

● 直线传送带控制，当工件从料筒推出时，直线传送带启动，工件装配结束后，直线传送带停止，传送带运转速度与装配过程相匹配，使机械手跟踪吸取可靠。

3．装配单元编程

● 系统启动后，工件盒出料库检测到有盒子，且出料台无盒子时，则推出一个，工件盖出料库的运行与此相同。

4．PLC读取RFID数据编程

● 传输系统读电子标签信息程序设计与调试，要求对工件内电子标签进行读取。

PLC还有很重要的一个任务，就是与工业机械手的以太网通信，这个内容在任务五中详细讲解。

PLC编程前，先根据接线把输入／输出端口列成表，方便编程哦！

PLC 的输入／输出分配表如表 4-11、表 4-12 所示。

表 4-11　PLC 输入表

I 端口	定义功能	I 端口	定义功能	I 端口	定义功能	I 端口	定义功能
X000	复位按钮	X010	三下检测 3X	X020	盒出料检测 HC	X030	三号料
X001	运行按钮	X011	三推出检 3T	X021	盒推出到位 HT	X031	四号料
X002	停止按钮	X012	四下检测 4X	X022	盖库料检测 GK	X032	—
X003	急停按钮	X013	四推出检 4T	X023	盖推出反面 GF	X033	机械手空闲等待中
X004	一下检测 1X	X014	拍照检测 PZ	X024	盖出料检测 GC	X034	机器夹紧盒
X005	一推出检 1T	X015	跟踪检测 GZ	X025	盖推出到位 GT	X035	机器夹紧盖
X006	二下检测 2X	X016	盒库料检测 HK	X026	一号料	X036	机器复位完成
X007	二推出检 2T	X017	盒推出反面 HF	X027	二号料	X037	机械手请求发送信息

表 4-12　PLC 输出表

O 端口	定义功能	O 端口	定义功能	O 端口	定义功能	O 端口	定义功能
Y000	—	Y010	机械手操作权	Y020	—	Y030	一料推出
Y001	直流电动机启动	Y011	机器可取盖	Y021	机械手取料	Y031	一针推出
Y002	变频运行	Y012	盖子是反面	Y022	盒子是反面	Y032	二料推出
Y003	机械手急停	Y013	机械手工件激活	Y023	运行灯	Y033	二针推出
Y004	机械手伺服	Y014	机器可取盒子	Y024	视觉拍照	Y034	三料推出
Y005	机械手复位			Y025	盖气缸推出	Y035	三针推出
Y006	机械手启动			Y026	拆料针缸推出	Y036	四料推出
Y007	机械手伺服 ON			Y027	盒气缸推出	Y037	四针推出

1．程序初始化

利用 M8002 辅助继电器在上电后完成初始化，内容主要包括：

（1）所有输出复位。

（2）盒子出辅助寄存器复位（装配单元初始化）。

（3）工件退出复位初始化（输送单元初始化）。

（4）串口通信初始化（D8120）。

参考程序如图 4-34 所示。

```
M8002
 ┤├─────────────────────────────────[ZRST  M41    M99  ]
        ├──────────────────────────────[ZRST  Y002   Y037 ]
        ├──────────────────────────────────────[SET  M0   ]
        ├──────────────────────────────[ZRST  M1     M6   ]
        ├──────────────────────────────────────[SET  M10  ]
        ├──────────────────────────────[ZRST  M11    M16  ]
        ├──────────────────────────────────────[SET  M20  ]
        ├──────────────────────────────[ZRST  M21    M29  ]
        ├─────────────────────────────────────[SET  M130  ]
        ├──────────────────────────────[ZRST  M131   M139 ]
        ├─────────────────────────────────────[SET  M230  ]
        ├──────────────────────────────[ZRST  M231   M239 ]
        ├─────────────────────────────────────[SET  M330  ]
        ├──────────────────────────────[ZRST  M331   M339 ]
        ├──────────────────────────────────────[RST  M57  ]
        ├─────────────────────────────────────[SET  M430  ]
        ├──────────────────────────────[ZRST  M150   M161 ]
        ├──────────────────────────────[MOV   H688E  D8120]
        ├──────────────────────────────[ZRST  D212   D499 ]
        ├─────────────────────────────────────[SET  M280  ]
        ├──────────────────────────────[ZRST  D500   D2189]
        ├──────────────────────────────[MOV   H0C9B  D8120]
        └──────────────────────────────[MOV   K0     V1   ]
```

图 4-34　初始化程序

2．急停及急停后恢复运行的处理

急停按钮按下后，置位急停标志 M43，同时直线传送带和环形传送带立即停止，机械手伺服断电并急停，运行灯 Y023 以 1Hz 频率闪烁。按下复位和启动按钮 3 s 后（T16），置位急停后运行标志（M48）后，进行处理后继续运行。

参考程序如图 4-35 所示。

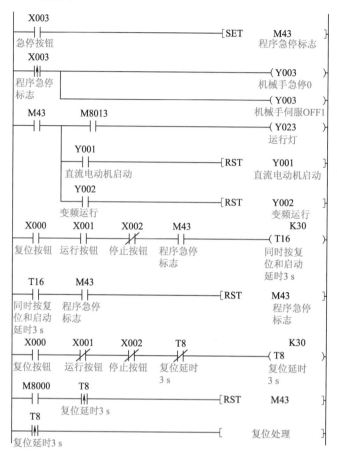

图 4-35　急停及急后停恢复进行的处理程序

急停后复位处理和上电复位处理相类似，我自己能够处理。

3. 输送单元编程

输送单元编程主要包括出料编程、环形传送带和直线传送带编程。

（1）出料编程。输送单元共有四个料仓，要求系统复位启动后，按顺序将四个料仓的物料间隙性退出送到环形传送带上。在程序编写上，共有五个程序段，其中一个程序段用来控制四个料仓出料的循环，另外四个程序段用来分别控制各料仓的推料动作，各程序段均采用 SFTL 功能指令进行编程。

循环程序段的流程图与梯形图如图 4-36 所示。编程思想：系统上电后辅助继电器 M430 得电，按下复位按钮进行复位，复位完成后按下启动按钮，辅助继电器 M431 ～ M439 根据条件依次得电，其中 M431、M433、M435 和 M437 分别是 4 号料仓、3 号料仓、2 号料仓和 1 号料仓执行推料动作的一个条件。

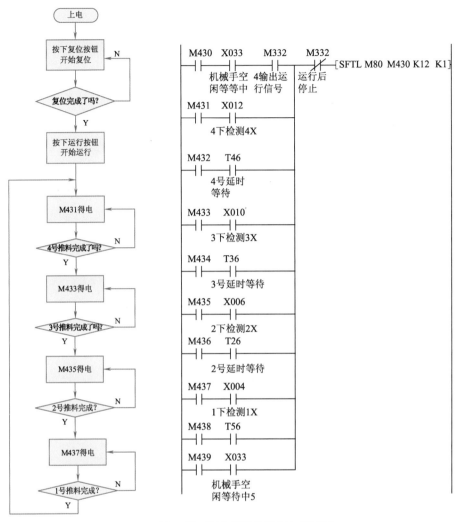

图 4-36　循环程序段的流程图与梯形图

推料程序段程序的编写以 1 号推料为例,说明料仓的推料过程,其流程图与梯形图如图 4-37 所示。上电后辅助继电器 M20 置 1,按下复位按钮进行复位, 复位完成后按下启动按钮,满足运行条件(运行条件为气缸在初始位置, M437 得电)后, 气缸伸出, 伸出到位并延时,然后缩回, 缩回到位后, 等待下一次推料。

(2) 环形传送带、直线传送带编程。传送带的控制主要控制启动、停止、运行方向和速度。环形传送带由变频器控制,根据电气原理图可知:环形传送带的启动停止由 PLC 的 Y002 控制,速度由变频器参数 P5 设定(控制端 RH 与 SD 短接);直线传送带的启动停止由 PLC 的 Y001 控制,速度由 FX2DA 模块输出的电压通过直流调速器的 S2 端子进行控制,在运行过程中,采用了单一速度,方向由拨动开关进行选择。环形传送带速度控制程序如图 4-38 所示。

设备复位启动后, 当 1 号到 4 号料有料推出时, 环形传送带即启动, 1 s 后直线传送带启动; 按下急停按钮或者程序运行结束停止时, 环形传输带停止。

直线传送带速度控制程序如图 4-39 所示。

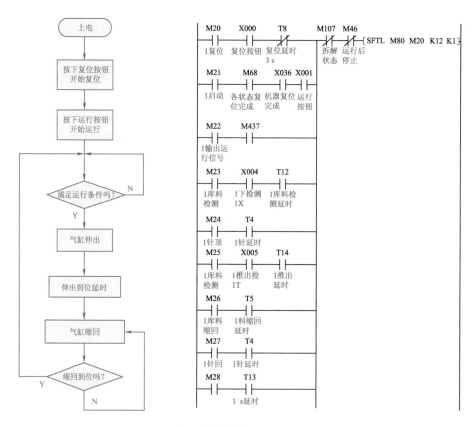

图 4-37　料仓推料流程图与梯形图

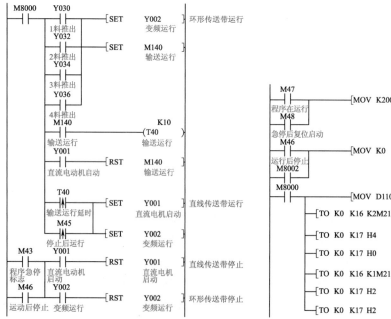

图 4-38　环形传送带速度控制程序

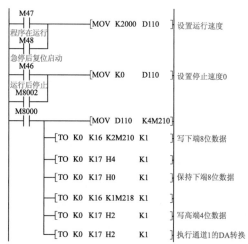

图 4-39　直线传送带速度控制程序

4．装配单元编程

装配单元编程主要包括盖上料和盒上料。

5．PLC读RFID数据编程

系统上电后，PLC的辅助继电器M280即得电（见图4-40），开始与RFID通信。通信过程：上电初始化，启动完成、请求读标签、发现标签、读标签、标签数据处理。参考程序中使用的辅助继电器及读写的数据见表4-13，读到的标签数据以十六进制存入辅助寄存器D600。

```
   M8002
0 ──┤├──────────────────────[SET     M280 ──
```

图4-40　辅助继电器M280得电

表4-13　RFID辅助继电器及读写的数据

辅助继电器	发　　送	接　　收	备　　　注
M280		02	接收到第一个数据为FF后，再次接收到02，发送10，上电完成
M281	10		
M282	02		
M283	0a 00 00 00 25 02 00 00 01 00 01 10 03 3e	02	启动操作
M284	10		
M285	10 02		请求读标签
M286	05 02 00 00 00 10 10 10 03 14	02	
M287	10	16个数据（不用）	发现标签
M288	10	02	读标签
M289	10	D14　K27	
M290	10	HEX D18 D600 K2　转化数据	
M291	10	8个数据D43　K8	标签离开数据
M292	10 02		
M293	03 0A 00 02 10 03 18 00	02	停止标志位
M294	10	D50 k6	
M295	02		

工件信息比对功能程序设计与调试，具体要求如下：

与装配要求的工件信息进行比对，对工件的标签信息进行判别，应区分出工件是否适用，适用工件应装配到哪个工件盒的哪个工件槽。

图4-41所示程序的功能以1盒1位置为例，将PLC接收到的RFID数据（D300）与工件装配流程编辑软件给PLC下发的装配数据（存放在D200～D211区域）进行比对，与1盒1信息相一致，将D400寄存位置信息，D401存放工件信息，D402存放是否完成12个位置装配完成信息（0表示未完成）。

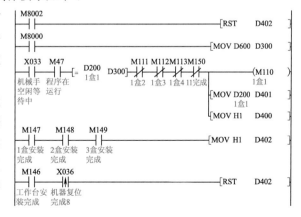

图4-41　工件信息比对

图 4-42 所示程序功能是记录装配过程，重复工件不装配，装配是否为最后一个。1 盒 1 位置不需要装配或装配完成后将 M150 置 1，后续重复来的工件则可不装配。全部装配完成后，D402 置 1，表示装配完成，如需要装配，重新复位。

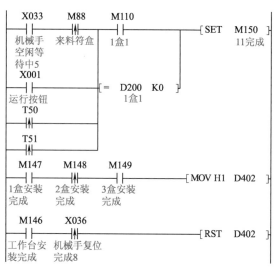

图 4-42 装配是否完成判断

🖎 任务评价

在完成了整个任务四之后，教师和学生都要对任务四的完成情况进行评价，同时教师要对学生的表现进行评价。将评价结果填入表 4-14 中。

表 4-14 任务四完成情况评价表

姓　名		队友		开始时间		
专业／班级				结束时间		
项目内容	考核要求	配分	评分标准	自评	互评	教师评
控制系统安装与接线	电气控制系统的安装与连接	25	（1）PLC 主机、数字量扩展输入模块、模拟量输出模块、以太网通信模块安装到导轨不到位，每项扣 1 分； （2）变频器、直流调速器、电源灯安装不到位，每页扣 1 分； （3）电气线路接线，每错一根线扣 0.5 分； （4）接线工艺，管型端子没压、号码管没套，每处扣 0.5 分			
变频器参数设置	设置满足环形传送带运行的变频器参数	5	变频器参数设置无法满足输送要求，每个参数扣 1 分			
以太网模块设置	PLC 以太网模块软件设置	5	PLC 以太网模块设置错误，扣 5 分			
PLC 程序调试	（1）手动控制直线传送带； （2）写电子标签； （3）交流变频器编程控制； （4）直流调速器编程控制； （5）分拣功能编程控制	35	（1）无法实现手动控制直线传送带，扣 5 分； （2）无法实现写八个黑色电子标签，缺一个扣 1 分； （3）工件装配结束后，无法实现环形传送带工作，扣 4 分； （4）工件装配结束后，无法实现直线传送带工作，扣 4 分； （5）无法实现电子标签数据读取和数据比对，扣 4 分； （6）不能发送全部工件信息，扣 4 分； （7）不能实现分拣功能、发送分拣工件信息，扣 6 分			
气动系统运行调试	气动装置能平稳动作	10	（1）调压过滤阀气压大小不为 0.4 MPa，扣 2 分； （2）推料气缸速度过大，每处扣 1 分			

姓　　名		队友			开始时间			
专业／班级					结束时间			
项目内容	考核要求		配分		评分标准	自评	互评	教师评
职业素养 与安全意识	安全		10		现场操作安全保护符合安全操作规程			
	规范		5		(1) 工具未摆放整齐，扣 1～2 分； (2) 导线线头处理不规范，扣 1～2 分； (3) 走线工艺不规范，视情况扣 1～2 分			
	纪律		5		遵守课堂纪律，尊重教师和同组成员，爱 惜赛场的设备和器材，保持工位的整洁			
成绩合计								
自我点评								
队员点评								
教师点评								

 **知识、技术归纳**

本任务要求按照工程图样进行施工，完成元器件安装、接线并进行 PLC 主控程序设计、调试。

工程创新素质培养

电气工程图是阐述电气工程的构成和功能，描述电气装置的工作原理，提供安装接线和维护使用信息的施工图。读懂电气工程图是工程技术人员的基本素质。

▶ 任务五 以太网的组网与编程实现

任务目标

1. 完成以太网网络参数设置；
2. 完成工业机械手、智能视觉系统、PLC 的以太网编程。

子任务一 以太网网络参数设置

分别完成智能视觉系统、工业机械手、PLC 以太网模块的以太网网络设置。
● 设置智能视觉系统以太网网址：192.168.1.2，端口号 10001；
● 设置工业机械手以太网网址：192.168.1.20，与智能视觉系统和 PLC 的通信 IP 及端口；
● 设置 PLC 以太网网址：192.168.1.9，端口号 10002。

工业机械手、PLC、智能视觉系统可以通过工业以太网进行数据交换。

1．智能视觉系统的网络设置

请参阅第四篇任务三子任务二的内容。

2．工业机械手的网络设置

使用机器人软件并联机，执行"在线"→"参数"→"Ethernet 设定"命令，在线路和设备的设定区"COM2："后的下拉列表框中选择"OPT11"，"COM3："后的下拉列表框中选择"OPT12"；在通信设定区"NETIP"后的文本框中输入本机 IP 地址"192.168.1.20"，如图 4-43 所示。

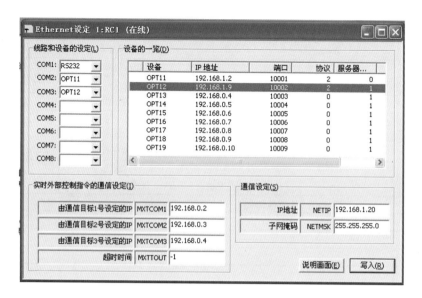

图 4-43　Ethernet 设定界面

双击"设备的一览"中的 OPT11 所在行，设置与智能视觉系统的通信参数：IP 地址为 192.168.1.2，端口号为 10001，协议为 2，服务器设定为 0，结束编码为 0，设置完成后单击 OK 按钮确定，如图 4-44 所示。

双击"设备的一览"中的 OPT12 所在行，设置与 PLC 的通信参数：IP 地址为 192.168.1.9，端口号为 10002，协议为 2，服务器设定为 1，结束编码为 0，设置完成后单击 OK 按钮确定，如图 4-45 所示。

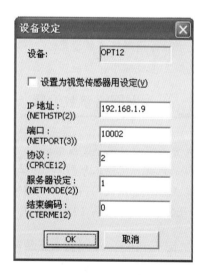

图 4-44　与智能视觉的通信设定　　　　图 4-45　与 PLC 以太网模块的通信设定

最后，在 Ethernet 设定对话框的右下方，单击"写入"按钮，确定写入、确定重启控制器完成设置。

3．PLC网络模块的网络设置

(1)打开FX3U-ENET-L Configuration Tool软件,设置PLC以太网通信参数,如图4-46所示。

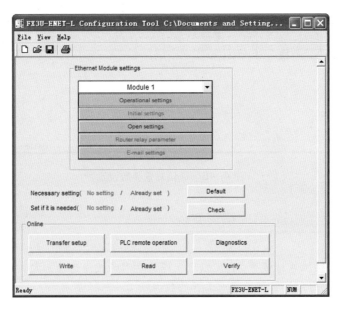

图4-46　FX3U-ENET-L Configuration Tool 主界面

(2) 单击 Operational settings 按钮,进入通信设置界面,参考图4-47设定相关参数。

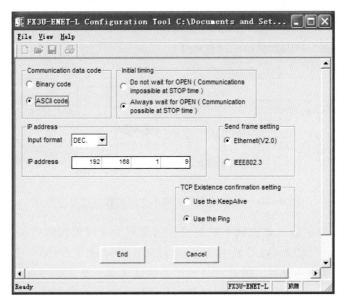

图4-47　通信格式设定

(3) 单击 Initial settings 按钮,进入设置界面,参考图4-48设定相关参数。

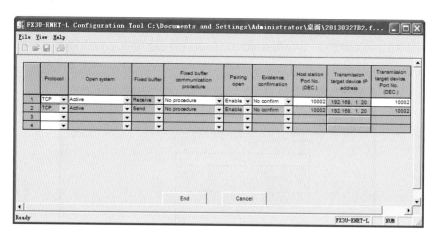

图 4-48　通信对象参数设定

子任务二　以太网数据通信的编程实现

设计智能视觉系统、工业机械手、PLC以太网模块之间的数据通信，完成各系统的编程。
- 编程实现PLC发送装配数据及当前工件的数据给工业机械手。
- 编程实现智能视觉系统发送当前测量工件的编号、颜色、角度和高度信息设置工业机械手。
- 设置PLC以太网网址：192.168.1.9，端口号10002。

1. PLC与工业机械手以太网通信的实现

PLC与工业机械手之间的数据交换过程包括（见图4-49）：PLC发送装配数据给工业机械手、PLC发送当前工件的数据给工业机械手。

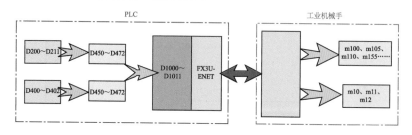

图 4-49　PLC与工业机械手之间的数据交换过程

PLC发送装配数据给工业机械手的数据通信流程：流程编辑软件编辑的工件装配数据存于PLC的D200～D211，PLC将其转换为ASCII码存放于D450～D472，然后转移至D1000～D1011区域准备发送。PLC接收到工业机械手请求发送命令时，PLC发送数据，工业机械手接收的对应数据存放于m100、m105、m110、m115、m120、m125、m130、m135、m140、m145、m150和m155中。

PLC发送当前工件的数据给工业机械手的数据通信流程：接收到的RFID读取的当前工件信息存放于D400（位置信息）、D401（工件信息）和D402（是否完成），PLC将其转换为ASCII码存放于D450～D454，然后转移至D1000～D1002区域准备发送。PLC接收到工业

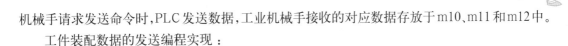

机械手请求发送命令时,PLC发送数据,工业机械手接收的对应数据存放于m10、m11和m12中。

工件装配数据的发送编程实现:

(1) 工业机械手以太网编程(见图4-50)。

```
Open   "COM3:" As #2              ← 打开与PLC相接的以太网端口
Wait M_Open(2) =1                 ← 端口打开
M_Out(9)=1                        ← 向PLC发送请求命令
Dly 0.2
Input #2, 100,m105,m110 ,m115,    ← 接收12个工件参数
m120,m125,m130,m135,m140,m145,
m150 ,m155
Close #2                          ← 关闭端口
```

图4-50 工业机械手以太网编程说明图

(2) PLC以太网编程:

① 以太网初始化程序(见图4-51)。

② 打开/关闭以太网程序(见图4-52)。

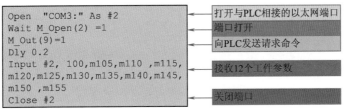

图4-51 以太网初始化程序

图4-52 打开/关闭以太网程序

第四篇 项目实战——工业机械手与智能视觉系统的安装调试

③ 数据转换程序（见图4-53、图4-54）。

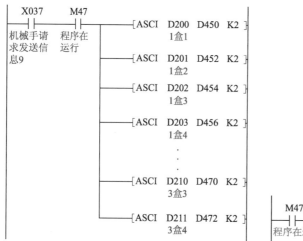

图4-53 数据处理程序　　　　　　　　　图4-54 数据移至发送区程序

④ 发送数据程序（见图4-55）。

图4-55 发送数据程序

2. 智能视觉系统与工业机械手以太网通信的实现

在对装配的工件进行竖向和横向检测时，智能视觉系统通过以太网向工业机械手发送所测量工件的编号、颜色、角度和高度信息，如图4-56所示。

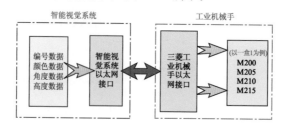

图4-56 智能视觉系统与工业机械手数据交换过程

工业机械手接收到的工件信息存储单元见表4-15。

表4-15　工业机械手接收到的工件信息存储单元

序号	存　储　单　元	存　储　信　息
1	m200、m205、m210、m215	智能视觉系统发来的1号装配台四个工件编号
2	m220、m225、m230、m235	智能视觉系统发来的2号装配台四个工件编号
3	m240、m245、m250、m255	智能视觉系统发来的3号装配台四个工件编号
4	m201、m206、m211、m216	智能视觉系统发来的1号装配台四个工件颜色
5	m221、m226、m231、m236	智能视觉系统发来的2号装配台四个工件颜色
6	m241、m246、m251、m256	智能视觉系统发来的1号装配台四个工件颜色
7	m202、m207、m212、m217	智能视觉系统发来的1号装配台四个工件角度
8	m222、m227、m232、m237	智能视觉系统发来的2号装配台四个工件角度
9	m242、m247、m252、m257	智能视觉系统发来的1号装配台四个工件角度
10	m203、m208、m213、m218	智能视觉系统发来的1号装配台四个工件高度
11	m223、m228、m233、m238	智能视觉系统发来的2号装配台四个工件高度
12	m243、m248、m253、m258	智能视觉系统发来的1号装配台四个工件高度

（1）智能视觉系统以太网设置。智能视觉系统测量的数据通过以太网发送给工业机械手，测量的数据包括工件编号、颜色、角度和高度，设置过程如下：

① 在主界面单击"流程编辑"按钮，弹出"流程编辑界面"。

② 在流程编辑界面的右侧从处理项目树中选择要添加的处理项目。选中要处理的项目后，单击"追加（最下部分）"按钮，将处理项目添加到单元列表中。

③ 串行数据输出（表达式）。单击串行数据输出图标，弹出表达式定对话框，对工件编号、颜色、角度、高度设计出四个表达式。

④ 输出格式设定。表达式输入完成，单击"确定"按钮，并切换到"输出格式"选项卡。根据设备通信要求，设定为以太网通信，输出格式为ASCII，小数位数为0，其他不变。单击"确定"按钮设定完成。

这个第三篇中已经练习了，我知道怎么做，可以独立完成！

（2）工业机械手读取智能视觉系统的编程。工业机械手读取智能视觉系统数据的过程：工业机械手打开与智能视觉系统相连的以太网端口，通过I/O端口向智能视觉系统发送拍照信号，接收到智能视觉系统发来的数据后，关闭端口。

以轴向检测1号装配台1号工位为例，说明工业机械手的编程（见图4-57）！

横向检测的编程我可以自己尝试一下！

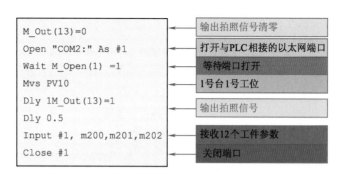

图 4-57　工业机械手读取智能视觉系统的编程样例

任务评价

在完成了整个任务五之后，教师和学生都要对任务五的完成情况进行评价，同时教师要对学生的表现进行评价。将评价结果填入表 4-16 中。

表 4-16　任务五完成情况评价表

姓　　名		队友		开始时间			
专业 / 班级				结束时间			
项目内容		配分	评分标准		自评	互评	教师评
智能视觉系统的网络设置		20	网络设置错误，每个参数扣 5 分				
工业机械手的网络设置		15	网络设置错误，每个参数扣 5 分				
PLC 网络模块的网络设置		15	网络设置错误，每个参数扣 5 分				
PLC 与工业机械手以太网通信的实现		15	网络设置错误，每个参数扣 3 分 编程无法实现，每个功能扣 2 分				
智能视觉系统与工业机械手以太网通信的实现		15	网络设置错误，每个参数扣 3 分 编程无法实现，每个功能扣 2 分				
职业素养与安全意识	安全	10	现场操作安全保护符合安全操作规程				
	规范	5	正确使用和操作计算机、设备				
	纪律	5	遵守课堂纪律，尊重教师和同组成员，爱惜赛场的设备和器材，保持工位的整洁				
成绩合计							
自我点评							
队员点评							
教师点评							

知识、技术归纳

以太网技术具有价格低廉、稳定可靠、通信速率高、软硬件产品丰富、支持技术成熟等优点，在工业上应用越来越广泛。工业机械手和智能视觉系统中工业机械手、PLC、智能视觉系统可以通过以太网进行数据交换，本任务完成智能视觉系统、工业机械手、PLC 以太网模块的以太网网络设置以及设计三者之间的数据通信，完成各系统的编程。

工程创新素质培养

列举工业上常用的网络技术，了解这些网络技术的特点、主要技术参数及应用场合。

任务六 系统整体运行调试与维护

任务目标

1. 完成系统整体运行调试；

2. 实训装置系统的维护。

给出一个完整的任务过程，我们来动手系统地调试设备，使运行能正常运行，综合地完成工业机械手、智能视觉系统、RFID、PLC、交直流调速等功能。

下面我们来一展身手，兄弟们一起来模拟比赛！

为确保安全，调试运行机械手程序时速度应设置为不超过30。

1. 连接检查准备

设备运行前，先将两根航空电缆分别连接到控制柜和平台上，再将控制柜接入 220 V 单相交流电源，然后将主电源开关打开，分别打开机械手控制器的电源开关和可编程逻辑控制器电源开关。

2. 检查设置

(1) 调整机械手运行速度：按动机械手控制器的 CHNG DISP 键，直到显示运行速度为止，显示为"O 100"，按 UP 和 DOWN 键可调整其运行速度，调整到显示为"O 30"，如果无法调整，则先将 PLC 运行开关按下。

按动机械手控制器的 CHNG DISP 键，直到显示程序名称为止，显示为"P.XXXX"，按 UP 和 DOWN 键可调整其运行程序，调整到显示为"P.0001"，如果无法调整，则先将 PLC 运行开关按下。

(2) 变频器参数设置。按表 4-17 设置变频器参数。

表 4-17 变频器参数设置

序号	参数代号	初始值	设置值	功 能 说 明
1	Pr.1	120	50	上限频率（Hz）
2	Pr.2	0	0	下限频率（Hz）
3	Pr.3	50	50	电动机额定频率
4	Pr.7	5	2	加速时间
5	Pr.8	5	1	减速时间
6	Pr.79	0	3	外部运行模式选择

序号	参数代号	初始值	设置值	功能说明
7	Pr.178	60	60	正转指令

3．机械手位置点调整

使用机器人软件并联机，执行"在线"→"程序"→"main.prg"命令，右击，在弹出的快捷菜单中选择"在调试状态下打开程序"，可以使用程序跳转、单步运行、直接运行等操作，配合示教单元手动操作将表 4-18 中的机械手位置点校准并保存（注意：要经常进行关闭程序使位置点及时保存，因为可能出现机械手与计算机通信出错的情况，使得数据保存不了）。

 注意：操作权说明——在线调试时，要将PLC打到STOP，让出操作权。

表 4-18　机械手位置工作点

序号	位置点名称	位置点说明
1	P0	等待吸取工件位置
2	P1	机械手初始位置
3	P111	机械手追踪完成到放料中转位置（与 P0 点左右相对）
4	P2	机械手取吸盘等待位置（2 号工装上方）
5	P3	机械手取吸盘位置（2 号工装）
6	P4	机械手取照相机等待位置（3 号工装上方）
7	P5	机械手取照相机位置（3 号工装）
8	P6	机械手取工件盒位置
9	P7	机械手取工件盖位置
10	P8	入库等待位置（左，近库架，抓手横向）
11	P81	入库中转位置（与原点 P1 位置相近）
12	P90	仓库左下位置
13	P91	仓库右下位置
14	P92	仓库左上位置
15	P93	仓库右上位置
16	P12	装配单元中转位置（抓手竖向）
17	P13	装配单元中转位置（抓手横向），注意：应确保此点 X 直交值在两库架中间
18	PH1	横向视觉检测台上方位置
19	PV10	在 1 号台 1 号工位上拍照位置
20	PV11	在 1 号台 2 号工位上拍照位置
21	PV12	在 1 号台 3 号工位上拍照位置
22	PV13	在 1 号台 4 号工位上拍照位置
23	PV20	在 2 号台 1 号工位上拍照位置
24	PV21	在 2 号台 2 号工位上拍照位置
25	PV22	在 2 号台 3 号工位上拍照位置
26	PV23	在 2 号台 4 号工位上拍照位置
27	PV30	在 3 号台 1 号工位上拍照位置
26	PV31	在 3 号台 2 号工位上拍照位置
29	PV32	在 3 号台 3 号工位上拍照位置
30	PV33	在 3 号台 4 号工位上拍照位置

序号	位置点名称	位置点说明
31	PV40	横向拍照位置
32	P20	1 号装配台上方位置（横向）
33	P21	1 号装配台上方位置（竖向）
34	P22	2 号装配台上方位置（竖向）
35	P23	3 号装配台上方位置（竖向）
36	PPT	在盒子上放工件准备位置
37	PPT11	1 号台 1 号工位放置位置
38	PPT12	1 号台 2 号工位放置位置
39	PPT13	1 号台 3 号工位放置位置
40	PPT14	1 号台 4 号工位放置位置
41	PPT21	2 号台 1 号工位放置位置
42	PPT22	2 号台 2 号工位放置位置
43	PPT23	2 号台 3 号工位放置位置
44	PPT24	2 号台 4 号工位放置位置
45	PPT31	3 号台 1 号工位放置位置
46	PPT32	3 号台 2 号工位放置位置
47	PPT33	3 号台 3 号工位放置位置
48	PPT34	3 号台 4 号工位放置位置
49	PFL1	放废料位置 1 竖向
50	PFL2	放废料位置 2 竖向
51	PFL3	放废料位置 3 竖向
52	PFL4	放废料位置 4 横向

4．设备运行

（1）下发工件装配流程：工件装配流程编辑软件给 PLC 下发工件装配流程，PLC 对装配流程进行保存，用以重复装配。工件有不同编号、颜色、角度、高度之分，此处规定三个装配台颜色分别为蓝、红、黄，编号顺序全为 1、2、3、4，高度全为低的工件，如图 4—58 所示。

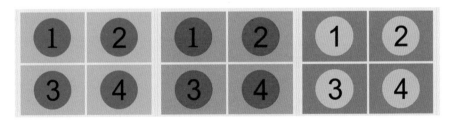

(a) 第一组   (b) 第二组   (c) 第三组

图 4—58　工件规定装配流程图

（2）系统复位：上电后按下面板上的"复位"键 3 s，控制程序开始复位，机械手回到初始位置，各气缸退回。复位完成后"运行指示灯"闪烁。

（3）启动："运行指示灯"闪烁时，按下"启动"键，执行以下任务（可同时进行）：

① 工件盒料库检测到有工件盒，出料台检测到是空位，工件盒推料气缸向外推出一个工件盒。

② 工件盖料库检测到有工件盖，出料台检测到是空位，工件盖推料气缸向外推出一个工件盖。

③ 机械手从初始位置运行到工具换装等待位置。

（4）机械手运行到工件盒出料台上方，接着将出料台上的工件盒搬到 3 号装配台上（应先横向搬到 1 号装配台上过渡），机械手回到工件盒出料台上方等待；工件盒料库检测到有工件盒，工件盒推料气缸向外推出下一个工件盒。

（5）机械手运行到工件盒出料台上方，接着将出料台上的工件盒搬到 2 号装配台上（应先横向搬到 1 号装配台上过渡），机械手回到工件盒出料台上方等待；工件盒料库检测到有工件盒，工件盒推料气缸向外推出下一个工件盒。

（6）机械手运行到工件盒出料台上方，接着将出料台上的工件盒搬到 1 号装配台上。

（7）机械手运行到工具换装装置处装上吸盘工装，并运行到工件跟踪吸取等待位置。

（8）工件料库检测到有工件后，四个工件料库分时各自推出工件，同时环形传送带、直线传送带开始运行；推出的工件由环形传送带向前传送，到达 RFID 检测单元进行检测。

（9）PLC 主控制器对 RFID 读写器进行操作，读出工件内标签信息，PLC 判断工件是否为装配需要的，并控制机械手进行分拣。具体分拣操作如下：如果是可用工件，工件到达直线传送带后，且跟踪传感器触发，机械手将进行跟踪吸取工件的操作，并将工件搬运到装配等待位置，根据工件的信息，将工件装入到对应装配台上工件盒的相应位置，之后机械手回到跟踪吸取等待位置；如果是不可用工件，机械手不动作，继续等待（可人为取走该工件）。

（10）被分时推出的下一个工件此时到达 RFID 检测单元进行检测，机械手进行重复分拣操作，直到三个工件盒全部装配完成。

（11）三个工件盒全部装配完成后，机械手运行到工具换装装置处装上视觉工装。

（12）机械手运行到 1 号装配台上方，视觉相机从上往下对工件盒的每一个工位中的工件（12 个）进行拍照；同时视觉处理器进行分析（编号和颜色比对），并将检测结果输出给机械手。如果检测结果为不合格，机械手将此工件盒标记为不合格品，之后机械手依次运行到 2 号、3 号装配台上方，对工件盒进行相同的检测操作。视觉检测要求如下：工件的颜色、编号是否与规定装配流程一致。

（13）三个工件盒全部检测完成后，机械手运行到工具换装装置处放回视觉工装。

（14）如果机械手有装配不合格记录，机械手逐个将不合格的工件盒搬运到废料框中。

（15）如果机械手记录装配有合格品，机械手将其中一个合格品工件盒搬运到横向检测台。

（16）机械手运行到工具换装装置处装上视觉工装。

（17）机械手运行到横向检测台前方对工件盒进行拍照，同时视觉处理器进行分析（高度比对），并将检测结果输出给机械手。机械手对检测结果进行分析判别，并记录是否合格。

（18）机械手运行到工具换装装置处放回视觉工装。

（19）机械手根据当前横向检测台上的工件盒合格与否进行不同处理：

① 如为不合格则将此工件盒搬运到废料框中，继续判断装配台是否还有合格品，如有则从步骤（15）开始重复操作，如没有则机械手回到初始位置，一个装配流程结束，机械手从步骤（4）开始重复操作完成下一个装配流程。

② 如为合格，将此工件盒搬运到 1 号装配台，机械手夹取工件盖到工件盒上，使其组成一个生产组合体。

③ 机械手将成品搬运到仓库空位置：使用装在大口夹上的光纤传感器检测未知仓库是否为空。

④ 当一个成品入库后，控制系统需要在记录此库位不为空，下一个成品入库时应直接跳过这个库位。

⑤ 工作流程内仓库且仓库位置优先级别为：1>2>3>4…>9，仓库位置分布如图 4-59 所示。

⑥ 继续判断装配台是否还有合格品，如有则从步骤（15）开始重复操作。

（20）全部成品入库完成后，机械手运行到初始位置，机械手从步骤（4）开始重复操作完成下一个装配流程。

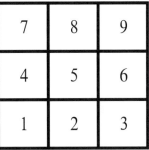

7	8	9
4	5	6
1	2	3

图 4-59　仓库位置分布

任务评价

在模拟比赛完成后，教师和竞赛学生都要对整套设备任务书的完成情况进行评价，同时教师要对竞赛学生的表现进行评价。将评价结果填入表 4-19 中。

表 4-19　模拟比赛评价表

姓　　名		队友			开始时间		
专业／班级					结束时间		
项目内容		配分		评分标准	自评	互评	教师评
工业机械手设备安装		10		参考任务一完成情况评价表			
工业机械手设置与编程调试		30		参考任务二完成情况评价表			
智能视觉系统安装调试		20		参考任务三完成情况评价表			
PLC 主控程序设计		20		参考任务四完成情况评价表			
工业以太网的组网与编程实现		10		参考任务五完成情况评价表			
职业素养与安全意识		10		安全、规范、纪律			
成绩合计							
自我点评							
队员点评							
教师点评							

知识、技术归纳

系统调试是职业院校培养学生的一个重要目标，如何在调试过程中发现问题、解决问题是学生的重要能力。本任务通过完成工业机械手与智能视觉系统的系统调试，掌握系统运行调试的常用方法、步骤。

工程创新素质培养

总结在工业机械手与智能视觉系统的系统调试过程中遇到的问题及解决的方法。

下次大赛，我也可以参加了！

第五篇

项目拓展——
工业机器人漫游

近年来，全球工业机器人行业保持快速发展，据统计显示，2016 年全球工业机器人销量 29.4 万台，同比增长 16%，2013 年以来年平均增速 16.8%。其中，我国是增长最快也是最大的需求市场。2016 年我国机器人销量 8.7 万台，同比增长 26.9%，快于全球增速 15.9%，占全球销量的 30%。2017 年我国工业机器人年销量 11.1 万台，同比增长 27.59%，增速连续三年扩大。根据最新预测，2020 年中国工业机器人销量将达到 21 万台，按照机器人均价 15 万元计算，市场规模将超 300 亿元。

努力从"中国制造"转型"中国创造"，迎接新一次科技革命。我可以偷懒了！

国内工业机器人应用领域也仅局限于汽车、机械加工、电子、物流等有限范围。而国产机器人核心技术薄弱，关键零部件与可靠性差距较大，控制器、伺服电动机和精密减速器等关键零部件严重依赖进口，应用领域的适用性技术与产品仍处于摸索阶段。

我国作为世界制造业大国，但我国机器人拥有量仅是日本的 1/5、美国和德国的 1/3 左右。国产机器人市场份额和附加值较低。国际品牌产品占国内市场份额超过 90%。随着机器人技术与产品的广泛应用，我国未来市场与发展具有巨大的潜力。

一般制造业中使用工业机器人密度（万名员工使用机器人台数），韩国是631台，新加坡是488台，日本是306台，德国是309台，而中国仅为68台。

汽车制造业中普遍使用工业机器人密度，日本为1 710台，意大利为1 600台，法国为1 120台，西班牙为950台，美国为770台，中国还不到90台。

据2016年，2017年工业机器人销量数据显示，汽车行业仍为工业机器人最主要的应用行业，3C行业应用实现最大增长，占比市场份额27.65%；同时，搬运、焊接、装配仍为工业机器人前三大应用领域，其中装配应用增长最为明显。图5-1所示为2017年中国工业机器人应用行业比例，图5-2所示为2017年中国工业机器人应用领域比例。

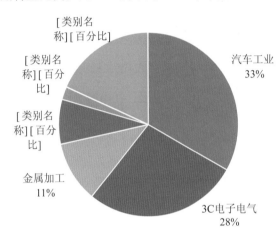

图5-1　全球主要行业对工业机器人的需求比例　　　图5-2　全球工业机器人应用类型及比例

前几篇我们认识了三菱工业机器人及其应用，下面也认识一下国内外其他知名品牌的工业机器人！

一、国内外知名品牌工业机器人

业内通常将工业机器人分为日系和欧系。日系的主要代表有安川、OTC、松下、FANUC、三菱、不二越、川崎等公司；欧系主要有德国KUKA、CLOOS，瑞典ABB，意大利COMAU，奥地利IGM公司等；国产工业机器仍有处在起步阶段，有新松、博实、广数等品牌。下面介绍一下几个国外知名品牌和国产品牌的工业机器人。

1. 认识ABB工业机器人

ABB集团致力于研发、生产机器人已有40多年的历史，拥有全球超过200 000多套机器人的安装经验。ABB集团是工业机器人的先行者以及世界领先的机器人制造厂商，在瑞典、挪威和中国等地设有机器人研发、制造和销售基地。ABB集团于1969年售出全球第一台喷涂机器人（见图5-3），稍后于1974年发明了世界上第一台工业机器人（见图5-4），并拥有当今最多种类、最全面的机器人产品、技术和服务，及最大的机器人装机量。ABB集团的领先不仅体现在其所占有的市场份额和规模，还包括其在行业中敏锐的前瞻眼光。

图5-3　全球第一台喷涂机器人

图5-4　世界上第一台工业机器人

　　ABB机器人早在1994年就进入了中国市场。经过近20年的发展，在中国ABB先进的机器人自动化解决方案和包括车身焊接、冲压自动化、动力总成和涂装自动化在内的四大系统正为各大汽车整车厂和零部件供应商以及消费品、铸造、塑料和金属加工工业提供全面完善的服务。ABB集团基于"根植本地，服务全球"的经营理念，将中国研发、制造的产品和系统设备销往全球各地。同时在中国的全球采购计划，为世界各地的ABB公司服务。

　　2005年，ABB集团在中国上海开始制造工业机器人并建立了国际领先的工业机器人生产线。同年工业机器人研发中心也在上海设立。ABB集团是目前唯一一家在华从事工业机器人研发和生产的国际企业。2006年，ABB集团将工业机器人全球业务总部落户中国上海。

　　ABB机器人常规型号：IRB1400、IRB2400、IRB4400、IRB6400（见表5-1）。
　　IRB指ABB标准机器人：第一位数（1，2，4，6）指机器人大小；第二位数（4）指机器人属于S4以后的系统；无论何种型号机器人，都表示机器人本体特性，适用于任何机器人控制系统。

表5-1　ABB主要型号机器人的特点及实物图

型号	IRB120	IRB1410	IRB1600
特点	最小的紧凑柔性多用途机器人，负荷3 kg（垂直腕为4 kg），工作范围达580 mm，紧凑、灵活，轻量级功能的同时，周期时间改善高达25%	工作范围大、到达距离长（最长1.44 m）。负荷5 kg，上臂可承受18 kg的附加负荷。手臂上的送丝机构，配合IRC5使用的弧焊功能，适合弧焊的应用	负荷6～10 kg，工作范围1.2～1.5 m，作业周期缩短一半。采用低摩擦齿轮，最大速度下的功耗降至0.58 kW，低速运转时功耗更低
实物图			

型号	IRB360	IRB5400	IRB660
特点	工作直径为 800 mm，占地面积小、速度快、柔性强、负载大（负荷 8 kg），采用可冲洗的卫生设计，出众的跟踪性能，集成视觉软件，步进式传送带同步集成控制	专用喷涂机器人，拥有喷涂精确、正常运行时间长、漆料耗用省、工作节拍短以及有效集成涂装设备等诸多优势。将换色阀、漆料泵和流量传感器和空气／漆料调节器，集成到手臂上	四轴设计，具有 3.15 m 到达距离和 250 kg 有效载荷的高速机器人。运行时间长、速度快、精度高、功率大、坚固耐用、通用性，可满足任何袋、盒、板条箱、瓶等包装形式的物料堆垛应用需求
实物图			

2. 认识安川工业机器人

1977 年安川电机运用独自的运动控制技术开发生产出了日本第一台全电气化的工业机器人"莫托曼 1 号"，此后相继开发了焊接、装配、喷漆、搬运等各种各样的自动化机器人，并一直引领全球产业用机器人市场。截止 2011 年，安川累计出厂的机器人台数已经位居全球首位，并以最适用的机器人来满足用户的需求。安川半拟人化双臂机器人如图 5-5 所示。

图 5-5 安川半拟人化双臂机器人

安川的多功能机器人以"提供解决方案"为概念，在重视客户交流对话的同时，针对更宽广的需求和多种多样的问题提供最为合适的解决方案，并实行对 FA.CIM 系统的全线支持。如今，莫托曼可以说是安川的代名词，产品活跃在汽车零部件、机器、电机、金属、物流等世界各个产业领域中。安川主要型号机器人的特点及实物图见表 5-2。

表 5-2　安川主要型号机器人的特点及实物图

型号	六轴垂直多关节 MOTOMAN-MA1400	六轴垂直多关节 MOTOMAN-MA1900	六轴垂直多关节 MOTOMAN-MH5 系列	六轴垂直多关节 MOTOMAN-MH6
特点	负荷：3 kg； 应用领域：弧焊、搬运等； 到达距离：1 434 mm	负荷：3 kg 应用领域：弧焊、搬运等； 到达距离：1 904 mm	负荷：5 kg； 应用领域：搬运、装配等； 到达距离：706 mm	负荷：6 kg 应用领域：搬运、弧焊等； 到达距离：1 422 mm
实物图				
型号	六轴垂直多关节 MOTOMAN-MH50	六轴垂直多关节 MOTOMAN-MS80	四轴垂直多关节 MOTOMAN-MPL100	六轴垂直多关节 MOTOMAN-ES165D
特点	负荷：50 kg； 应用领域：搬运等； 到达距离：2 061 mm	负荷：8 kg； 应用领域：点焊、搬运等； 到达距离：2 061 mm	负荷：100 kg； 应用领域：高速码垛等； 到达距离：3 159 mm	负荷：165 kg； 应用领域：搬运、弧焊、激光焊接切割等； 到达距离：2 651 mm
实物图				

3．认识库卡（KUKA）工业机器人

1973 年库卡（KUKA）研发其第一台工业机器人，即名为 FAMULUS。这是世界上第一台机电驱动的六轴机器人，现在 KUKA 公司的四轴和六轴机器人有效载荷范围为 3 ~ 1300 kg、机械臂展范围为 350 ~ 3 700 mm，机型包括 SCARA、码垛机、门式及多关节机器人，皆采用基于通用 PC 控制器平台控制。由此开创了以软件、控制系统和机械设备完美结合为特征的"真正的"机电一体化时代。

2001 年，KUKA 开发的 Robocoaster 是世界上第一台客运工业机器人。该机器人可提供两名乘客的类似于过山车式的运动序列，其行使实现了程序化。目前进行的 Robocoaster 开发针对轨道行程，开发目的是实现过山车（见图 5-6），以及其他如主题公园与娱乐等沿预定路径运行的目标。

图 5-6　KUKA 的过山车机器人和激光焊接机器人

库卡工业机器人在多部好莱坞电影中出现过。詹姆斯·邦德的 007 系列电影《新铁金刚之不日杀机》，其中一个场景描述的是在冰岛的一个冰宫，国家安全局特工（荷莉·贝瑞）的生命受到激光焊接机器人的威胁。在朗·侯活导演的电影《达芬奇密码》中，一个 KUKA 机器

人递给汤姆·汉克斯的扮演者罗伯特兰登一个装有密码筒的箱子。

KUKA 主要型号机器人的特点及实物图见表 5-3。

表 5-3　KUKA 主要型号机器人的特点及实物图

型号	低负荷 KR 16-2F	中等负荷 KR 30-3F	高负荷 KR 270 R2900	超重负荷 KR 500 570-2PA
特点	在高温环境下可以出色地完成高温易碎玻璃成型件的操作。 负荷：16 kg； 附加负荷：10 kg； 最大作用范围：1 610 mm； 轴数：6	在浇铸工艺中，可对浇斗的回转驱动装置进行自由编程，并通过机器人的第六轴或附加轴进行控制。 负荷：30 kg； 附加负荷：35 kg； 最大作用范围：2 041 mm； 轴数：6	极高的稳定性和精确性，作业周期缩短 25%，同时具有最高的轨迹精度和最佳节能效果。 负荷：270 kg； 附加负荷：50 kg； 最大作用范围：2 901 mm； 轴数：6	负荷能力堪称冠军。通过混合和非混合三种不同规则实现货盘堆垛应用。 负荷：420 kg、480 kg、570 kg； 附加负荷：50 kg； 最大作用范围：3 326 mm、3076mm、2826 mm； 轴数：6
实物图				

4. 认识发那科（FANUC）工业机器人

FANUC 公司创建于 1956 年，创建地点在日本，FANUC 中文名称这发那科（也有译成法兰克），是当今世界上数控系统科研、设计、制造、销售实力最强大的企业。

自 1974 年，FANUC 首台机器人问世以来，FANUC 致力于机器人技术上的领先与创新，是世界上唯一一家由机器人来做机器人的公司，是世界上唯一提供集成视觉系统的机器人企业，是世界上唯一一家既提供智能机器人又提供智能机器的公司。FANUC 机器人产品系列多达 240 种，负荷范围 0.5 kg ~ 1.35 t，广泛应用在装配、搬运、焊接、铸造、喷涂、码垛等不同生产环节，可满足客户的不同需求。2008 年 6 月，FANUC 成为世界第一个突破 20 万台机器人的厂家；2011 年，FANUC 机器人在全球的装机量已超 25 万台。

FANUC 主要型号机器人的特点及实物图见表 5-4。

表 5-4　FANUC 主要型号机器人的特点及实物图

型号	F-200iB	R-1000iA	M-2iA （拳头机器人二号）	M-3iA （拳头机器人三号）
特点	装配、喷涂及涂装、机床上下料、材料加工、物料搬运、点焊； 最大负荷：100 kg； 可达半径：437 mm×1 040 mm	小型高速机器人，紧凑的机器人结构和优越的动作性能最适合于采用密集型布局的搬运、点焊作业； 最大负荷：100 kg； 可达半径：2 230 mm	完全密封结构(IP69K)，高压喷流清洗，高速搬运、装配； 最大负荷：3 kg； 直径：800 mm； 高度：300 mm	大型高速搬运、装配； 最大载重：6 kg； 直径：1 350 mm； 高度：500 mm
实物图				

在 2010 年世博会的上海企业馆里，FANUC 机器人更是铆足劲头，大展风采。它在动作上与真人神似，每天精神抖擞，身穿着醒目的黄色外衣。在互动中，它"脑""眼""手""耳"协调配合，自行调整姿态，一听到参观者选择的声音，便用它特有的大眼睛，摇晃着它的强壮手臂，挑选出所要的大魔方进行图片拼装，完成一系列识别、抓取、搬运、码放等多项任务，并将由 15 块魔方体组成的重达 1 t 的大图片一下子高高举起，左右展示，以此"炫耀"自己的强悍本领（见图 5-7）。高兴之余，它还邀请观众共同翩翩起舞，随着美妙的舞乐，让数千万观众的世博机器人之旅不虚此行。

图 5-7　世博会上的 FANUC 机器人

5. 认识沈阳新松机器人

在"中国机器人之父"蒋新松院士（国家 863 计划自动化领域首席科学家）的多方奔走之下，国家终于把机器人列入"863 计划"。当时在沈阳自动化所学习的曲道奎，成为蒋新松开辟的机器人专业的首批研究生，新松机器人就是为纪念他而命名的。

沈阳新松机器人产品线涵盖工业机器人、洁净（真空）机器人、移动机器人、特种机器人及智能服务机器人五大系列，部分机器人产品如图 5-8 所示。其中工业机器人产品填补了多项国内空白，创造了中国机器人产业发展史上 88 项第一的突破。在高端智能装备方面已形成智能物流、自动化成套装备、洁净装备、激光技术装备、轨道交通、节能环保装备、能源装备、特种装备产业群组化发展。新松是国际上机器人产品线最全的厂商之一，也是国内机器人产业的领导企业。新松主要型号机器人的特点及实物图见表 5-5。

（a）洁净（真空）机器人　　（b）陪护机器人　　（c）折管弯管特种机器人　　（d）AVG引导车

图 5-8　新松机器人产品

表 5-5　新松主要型号机器人的特点及实物图

型号	SR6C/SR10C 6 kg/10 kg 机器人	SR50A/SR80A 50 kg/80 kg 机器人	SR165B/SR210B 165 kg/210 kg 机器人	SRM160A/300A 系列 160 kg/300 kg 码垛机器人
特点	采用轻量式手臂设计，机械结构紧凑，动作精确灵巧，位置精度卓越，性能稳定可靠，同时大幅优化占用空间，短期内即可收益	采用高刚性轻量机械结构，引入安全设计理念，关键部件均采用密封构造，防护等级 IP65，适应恶劣生产环境，在粉尘较大的室内外均可正常运行	提供最优的解决方案，以符合人机工程学理论为着眼点，通过优化机器人整体尺寸，减少回转时间，节约能耗，达到最优性能	秉承"速度与力量并重，满足高速现代物流"理念为设计核心，为实现速度精准，连续不断的运送功能，构筑基于四轴机器人的柔性自动化系统
实物图				

6. 认识其他国产工业机器人

国内单元产品市场基本被外资企业占据，国产品牌仍处于起步阶段。国内机器人企业主要是系统集成商，通过生产或外购机器人单体及关键零部件产品，按照客户需求设计方案自行设计、生产非标成套设备。在下游应用中，利润较丰厚的汽车工业市场仍被外资企业占据，国内企业主要在一般工业市场发展。

目前国内市场上国产机器人比重在 30% 左右，大部分市场仍然被外资品牌的机器人掌握，究其原因主要在于机器人最为核心的减速机、伺服、控制器这三个上游零部件仍然大部分需要进口。尽管国产机器人跟国外四大家族比，无论从技术上、性能上、可靠性上还是有一定的差距，但是通过差异化的竞争路线，国产机器人能够具备一定的技术优势，例如，埃斯顿、拓斯达、新松、埃夫特、广州数控、新时达等一小批企业已在机器人产业链中游和上游进行拓展，通过自主研发或收购等方式掌握零部件和本体的研制技术，结合本土系统集成的服务优势，已经具备一定的竞争力，未来随着核心技术的进一步突破，机器人国产替代将是必然。

二、多机器人协同工作

图 5-9 是机器人"千手观音"的表演，在音乐的配合下虽然每个机器人做出不同的动作，但是却井然有序，默契地相互配合，像是一支训练有素的部队。再看图 5-10，在一条汽车生产线上很多在工作的工业机器人，每个机器人都在忙不同的工作，有焊接、铆钉、涂胶、喷漆等，它们也是那么协同而又高效率。

图 5-9　机器人"千手观音"的表演

图 5-10 汽车生产线上的"机器人团队"

流水线上这么多的机器人同时在工作，它们相互之间不会"打架"吗？

在制造汽车生产线上，我们会看到整排的机器人在同时工作，它们各自井然有序地工作。随着机器人执行任务的复杂性不断增加，单个机器人体现出价格昂贵、灵活性差、能力差、效率低等缺点，因而多机器人系统逐渐成为机器人发展的主要趋势。

目前机器人的应用工程由单台机器人工作站向机器人生产线发展，机器人控制器的联网技术变得越来越重要。控制器上具有串口、现场总线及以太网的联网功能。可用于机器人控制器之间和机器人控制器同上位机的通信，便于对机器人生产线进行监控、诊断和管理。

多机器人工作要解决很多问题，这是个复杂的系统工程！

目前，国内关于多机器人系统的研究相对于国外起步较晚，比较代表性的研究有工业机器人、水下机器人、空间机器人、核工业机器人，都在国际上应该处于领先水平。但是总体上我国与发达国家相比，还存在差距，但已逐渐引起人们的重视。

而国外的研究则比较活跃，欧盟、日本及美国作为制造先进的领先者都提出了多机器人的系统解决方案，见表 5-6。

表 5-6 多机器人解决方案

欧盟	MARTHA 课题"用于搬运的多自主机器人系统"(multiple autonomous robots system for transport and handing application)
日本	ACTRESS 系统是通过设计底层的通信结构而把机器人、周边设备和计算机等连接起来的多机器人智能系统
	CEBOT 系统中，每个机器人可以自主地运动，没有全局的设计模型，整个系统没有集中控制，可以根据任务和环境动态重构，具有学习和适应的群体智能
美国	SWARM 系统是由大量自治机器人组成的分布式系统，其主要特点是机器人本身被认为无智能，它们在组成系统后，将表现出群体的智能。美国海军研究部和能源部也对多机器人系统的研究进行了资助

而多机器人协同工作的主要问题在它的体系结构、相互协调、通信和感知学习。

1．多机器人体系结构

多机器人体系结构是指系统中各机器人之间的信息关系和控制关系以及问题求解能力的分布模式。它定义了整个系统内的各机器人之间的相互关系和功能分配，确定了系统和各机器人之间的信息流通关系及其逻辑上的拓扑结构，决定了多机器人之间的任务分解、分配、规划及执行等过程的运行机制，及各机器人所担当的角色，提供了机器人活动和交互的框架。

从控制角度分析，多机器人体系结构可分为集中控制方式、分布控制方式以及集中与分布控制方式相结合的混合控制方式，三种控制方式特点及比较见表 5-7。

表 5-7　多机器人体系结构控制方式特点及比较

集中控制方式 （比较适合紧密协调工作方式）	分布控制方式 （比较适合松散协调工作方式）	混合控制方式 （克服紧密和松散协调工作方式）
机器人分为主机器人和从机器人两种，主机器人负责任务的动态分配和调度，对各机器人进行协调，具有完全的控制权。 　该控制方式的特点是：降低系统的复杂性，减少机器人之间直接协商通信的开销，但要求主机器人具有较强的规划处理能力，系统协调性较好，实时性和动态性较差	没有任何集中控制单元，系统的各机器人之间的地位平等，没有逻辑上的隶属关系，彼此行为的协调是通过机器人之间的交互来完成的。每个机器人本身有能力解决面临的问题，它们协作完成整体的共同目标，具有较高的智能和自治力。这种结构有较好的容错能力和可扩展性，但对通信要求较高，多边协商效率较低，有时无法保证全局目标的实现	在多机器人系统中加入一定程度的中心协调，有助于提高整体性能和效率，可避免各独立机器人的"自我中心"倾向，促进资源的利用率。既提高了协调效率，又不影响系统的实时性、动态性、容错性和可扩展性

2．多机器人之间的相互协调

多机器人系统最显著的优点就是机器人之间可以相互协调，共同完成任务。同时这也是多机器人系统中最关键的技术。在这里要解决三方面的问题：多机器人之间的协作、多机器人之间的避障行为和防止死锁。

多机器人之间的协作体现机器人之间的团队精神，机器人为了完成共同的目标而进行合作。比较典型的是机器人保持队形和搬运物体。机器人个体不但要考虑个体的需求，也要考虑整体的需求。

多机器人之间的避障，属于动态避障行为。由于系统中各机器人是移动的，环境的状态也是实时变化的，若系统对各机器人的路径进行全局规划，很有可能降低系统实时性。因而基于传感器的避障行为则可以对动态的障碍物做出及时响应。目前主要用人工势场法来解决动态和静态避障行为。

死锁是多机器人系统经常遇到的问题。机器人的任务死锁是指机器人执着于执行一件自己"力所不及"的任务，从而丧失了完成其他任务的可能。对于多机器人任务协作时的死锁问题，可采用自适应衰减因子的方法来解决。在人工势场中，一般会出现局部最优点，可以利用传感器信息，将静态避障行为的（follow_wall）的方法来解决死锁。

3．多机器人之间的通信

多机器人系统中的通信可以大大提高系统运行的效率。一般来说机器人之间的通信方式有显式通信和隐式通信两类。显示通信是指使用硬件设备产生的一种开销大的、不可靠的、用于机器人之间协调的通信方法；而隐式通信利用机器人的行为对产生环境的变化来影响其他机器人的行为。在隐式通信中（如蚁群算法等），机器人一般只有简单的智能，但是单个机器人的失误不会对整体的行为造成很大的影响，因此有较高的鲁棒性。

为了达到系统的实时性，通信的内容不能过于复杂。随着机器人的数量的增加，依靠通信进行协调的系统复杂度会呈指数增长。另外，在某些环境中（如水下，尤其是浅水区域），环境干扰很大，因此非常需要一种有效、可靠的通信协议。目前多机器人主要采用无线通信，时延、冲突都是应当考虑的问题，多数使用 CSMA/CD、CSMA/CA 通信协议。有人提出了基于强化学习的自适应通信协议，各个机器人可以拥有不同的语言内容，通过学习可以使系统能灵活地适应不同的环境。

4．多机器人的感知学习

在不断变化的环境中，机器人应当有能力感知环境的变化。如果机器人过于依赖信息，那么当机器人数量增加时，会因系统的通信负担增大而降低系统运行的效率，因此机器人的感知能力非常重要。例如，如在蚁群算法中，机器人之间没有通信，感知是必不可少的。

传统的多机器人系统的研究都是在具体问题上进行研究的。当任务发生变化时，它们的体系结构、协作策略和通信机制都会发生变化。另外从感知和通信获得的知识，得到理想的行为控制参数，对机器人来说比较困难。因而，为了获得适合的参数并使它适应环境的变化，在系统中加入学习机制。目前，神经网络和强化学习的方法的使用比较广泛。

三、国内外其他品牌智能视觉系统介绍

智能视觉物联网是由深圳贝尔信科技有限公司董事长郑长春先生提出的，智能视觉物联网是新一代信息技术的重要组成部分，也是物联网的升级版本。

"智能视觉物联网"通过视觉传感器、信息传输和智能视觉分析感知人、车、物［人：智能行为识别（IVS）、车：智能交通（ITS）、物：RFID 物联网技术］。

智能视觉物联网的定义：通过视觉传感标签、射频识别（RFID）、红外感应器、全球定位系统、激光扫描器等信息传感设备，按约定的协议，把任何物体与互联网相连接，进行信息交换和通信，以实现对物体的智能化识别、定位、跟踪、监控和管理的一种网络。

智能视觉物联网与基于 RFID 等其他传感器的物联网的主要区别在于前者对视觉标签的支撑，它包含视觉传感器、信息传输和智能分析三个部分。主要特点如下：

（1）多种视觉信息获取设备。智能视觉物联网必须支持多种视觉传感和图像设备。这些包括图像、视频文件；移动设备，如手机、数码相机；固定设备，如网络摄像头、监控摄像机。智能视觉物联网将这些图像视频终端设备作为结点，采集环境中物体、目标信息。

（2）视觉信息获取与传输。智能视觉物联网的数据传输必须兼容各种主流网络介质，以"多网合一"、有线和无线的方式进行视觉信息传输，如"三网融合"。

（3）智能视觉标签系统。智能视觉标签系统作为智能视觉物联网信息处理的核心部分，对视觉感知范围的人、车或其他物件；对目标标签物体的身份及其实时状态进行智能分析，对其进行"贴标签"处理（见图 5-11），并辅以标签属性，包括名称、ID、属性、地点、运动状态、行为等。

与 RFID 物理标签相比，智能视觉标签系统的特点是：通过无源方式提供标签信息；属于虚拟表现性质；打破距离限制，可以远距离获取。

(a) 给人贴标签　　　　　　　　(b) 给车贴标签　　　　　　　　(c) 给物贴标签

图 5-11　贴标签处理

（4）智能视觉信息挖掘。作为智能视觉物联网的更高级部分，对所覆盖大范围中的目标视觉标签进行关联，识别挖掘各目标的运动轨迹，并分析其行为。

智能视觉标签系统与智能视觉信息挖掘，作为视觉信息处理的两个重要构件，是智能视觉物联网最核心的部分，也是其未来的发展重点。

其典型应用包括面向公共安全的物联网"三网合一"人脸识别系统平台（针对"人"类型的视觉标签），其中"三网合一"融合电信、互联、视频网，它支持移动终端、固定终端、视频终端的视觉或图像设备，反恐身份识别，电子商务，身份管理。在智能交通领域的应用（针对"车"类型的视觉标签）包括车辆规章管理、突发事件等。未来发展的更高境界是智能视觉物联网综合应用系统平台（见图 5-12）。

图 5-12　智能视觉物联网综合应用系统平台

四、典型 RFID 应用系统

1. 智能门店管理系统

RFID 门店系统是把 EAS 和 RFID 技术相结合的一个全新应用，零售商不仅可使用本系统进行货品防盗，还可进行各项管理功能，如商品的登记自动化，盘点时不需要人工的检查或扫瞄条码，更加快速准确，并且减少了损耗。通过 RFID 解决方案可提供有关库存情况的准确信息，管理人员可由此快速识别并纠正低效率运作情况，从而实现快速供货，并最大限度地减少储存成本。系统功能与管理流程见表 5-8，系统图如图 5-13 所示。

表 5-8　系统功能与管理流程

防偷盗管理	自动分析	快速查找	入库管理	出库管理	盘库管理
服装商品上附加用RFID技术的EAS，如果偷盗了多件商品，系统会一目了然地知道偷盗了多少服装和偷盗了什么服装	RFID可读可写芯片，记录每件衣服特性，从而保证库存的平衡，及时补货，避免缺货或断码现象	非接触快速查找货物，及时将顾客所需要的商品交到顾客手中，避免因为人为的"缺货"而丧失销售机会	货品贴标签后扫描条码，形成EPC后写入标签，发送数据至管理软件，完成货品入库	扫描条码，标签开锁后并清空标签数据，完成出库，经开锁后出店不报警	通过计算机手持设备进行货品信息扫描，数据自动传入管理软件进行比对，扫描完成即比对完成，可查看盘点信息

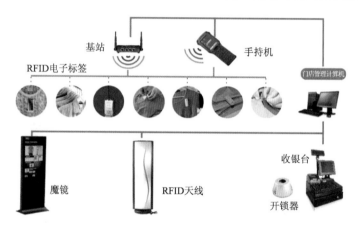

图 5-13　智能门店管理系统图

2．智能防内盗系统

　　内部员工（包括促销员）通过不正当的手段，私自侵吞和占有公司的财物和现金使公司损失非常严重，因而制约了行业的健康发展和企业效益的提高。在调查中发现的突出问题是外盗发案频率高、内盗损失金额大，两者是造成商业损失的主要原因。员工偷窃的机会远远大于外盗，员工偷盗与其说是冲动行为，不如说是典型的周密计划行窃。一个员工偷窃成功可能会引发其他员工效仿，员工的内盗行为除外盗所采取的方法外，其行为更具有隐蔽性、长期性、方便性。

　　智能防内盗系统是对附着智能标签的商品进行监控，当系统探测到商品经收银台而没有进入 POS 系统结账，系统就会发出报警，以此达到抓取内盗目的。整套智能防内盗系统高度集成，安装使用方便，是物联网技术在零售行业的典型应用，它由智能标签、监控设备、读取设备以及中间件组成，如图 5-14 所示。

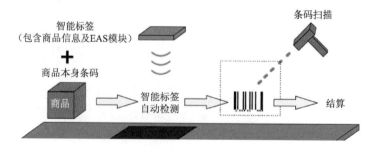

图 5-14　智能防内盗系统图

3. 智能仓库系统

随着RFID技术的兴起，为企业仓库管理带来了全新的管理方式。RFID是一种智能识别技术，可将货物信息写入电子标签，识别更准确，大大降低了货品登记的工作量和错误率。在产品出入库、盘点等流程中，该识别技术的效率比条形码识别方式提高10倍以上。智能仓库系统功能见表5-9，系统图如图5-15所示。

表5-9　智能仓库系统功能

入　库	出　库	盘　点	移库移位
根据生产管理系统中的生产计划单，获取产品编号、规格、批次、生产时间、生产线等信息，将RFID标签初始化，并粘贴于包装箱上。入库检测通道，读写器便将托盘上产品信息读取并记录在数据库中完成入库操作	收到出货通知单后，按该单信息找到相关货品，打托完后通过检测通道，RFID读写设备读取托盘上RFID标签，获得出货产品信息，并与出货通知单核对无误后写入数据库，完成出库操作	将RFID远距离、多标签自动识别的特性应用到仓库盘点，能大大节约仓库管理人员盘点的时间，减少盘点工作量。采用RFID技术管理物流仓库仅盘点一项效率提高8~10倍	采用RFID技术的智能仓库在这方面的修改变得十分简单，利用手持RFID读写器便能将货物库位变动情况实时更新到系统中

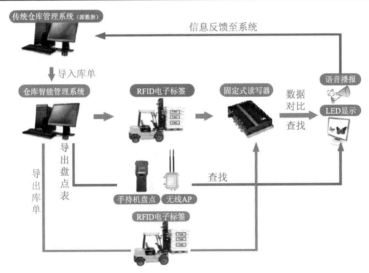

图5-15　智能仓库系统图

4. 路桥电子收费管理系统

路桥（不停车）电子收费管理系统（ETC）是专为解决现代交通，特别是公路收费问题而设计的，如图5-16所示。路桥电子收费管理系统通过采用RFID技术实现路桥过车无需停车、不用现金、不用人工干预、自动收费且准确可靠，从而减少了汽车的机械磨损、油耗和废气的排放，加快了汽车通过速度，提高了路桥的使用效率，同时将错收、漏收的可能性降低到最低限度。

路桥电子收费管理系统包括汽车电子标签读写系统（路测设置RSU、车载电子标签）、车道控制设备、车道监控计算机、收费网络系统。

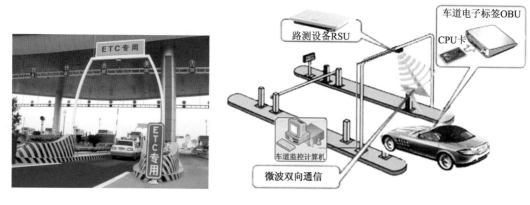

图 5-16　路桥电子收费管理系统

当车辆通过路桥车道并进入车道天线的通信区域时，安装在车辆内的电子标签立即将车辆信息、行车记录信息等向车道天线发送，车道天线接收到信息后通过交易控制器把信息传送给车道控制机，信息经车道控制机处理后，再将当前行车记录等信息逆向传给车道天线，最后写入该车的电子标签。系统组成及控制流程图，如图 5-17 所示。

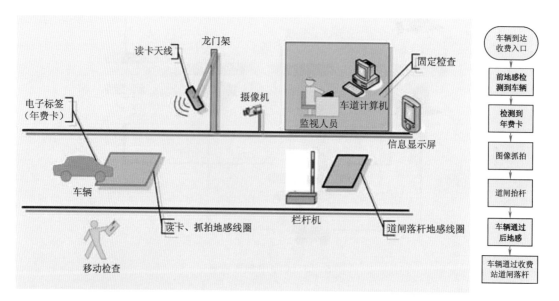

图 5-17　路桥电子收费管理系统组成及控制流程图

系统优点：
◇ 24 h 无人监管不间断工作。
◇ 车道过车和银行托收都是由系统自动实现。
◇ 银行托收一般在 1 min 内完成。
◇ 提供互联网服务，电子标签用户可以在网上查询过车费用。
◇ 提高了收费处理能力和车道通行率，避免了交通阻塞现象。
◇ 节省了车辆在途时间，改善了交通状况。

5. 智能图书馆管理系统

多年来图书自助借还、快速盘点、查找、乱架图书整理等问题一直困扰着图书馆的管理及工作人员。依托强大的 RFID 技术研发实力，经过多年研发努力，形成了系列图书馆配套设备，大大改进了管理方式、提高了工作效率、降低了管理人员的劳动强度，为图书馆应用领域提供了完整的解决方案。

智能图书馆管理系统包括：标签转换系统、管理员工作站、自助办证系统、自助借还系统、RFID 点检系统、安全门检测系统等，如图 5-18 所示。这些独立的工作站通过网络连接到服务器及数据中心，让读者、馆员及系统管理人员做到无缝连接，它们的关系框图如图 5-19 所示。

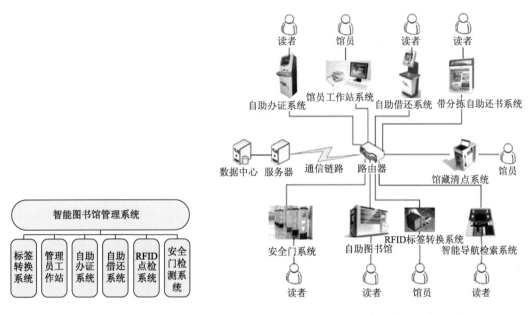

图 5-18　智能图书馆管理系统组成　　　　图 5-19　智能图书馆管理系统关系框图

系统优点：

◇简化读者借还书手续，缩短图书流通周期，提高图书借阅率，提升图书馆人性化服务水平，充分发挥图书馆公共服务职能。

◇为图书馆提供全新盘点模式，降低管理人员的劳动强度，大幅提高图书盘点及错架图书整理效率。

◇使错架图书的查找变得更为快捷便利，进一步挖掘出潜在图书资源，提高图书资源利用率。

◇安全门摆放距离更加宽阔，读者进出更加自如。由于安全门不会产生误报，避免了读者与管理人员之间发生不必要争执，融洽了读者与管理人员之间的关系。

五、云制造、智能制造

什么叫"云制造"？好神奇的名字，我云里雾里了！

"云制造"是一种面向服务的、高效低耗和基于知识的网络化敏捷制造新模式，是现有云计算、网络化制造、ASP平台、制造网格等概念和技术的延伸和拓展。把制造资源和制造能力在网上作为服务提供给所需要的用户。

它融合现有信息化制造技术及云计算、物联网、面向服务、高性能计算、智能科学等热点／新兴信息技术，将各类制造资源和制造能力虚拟化、服务化，构成制造资源和制造能力云池，并进行统一的、集中的智能化管理和经营，支持智能化、多方共赢、普适化、高效的共享和协同，达到通过网络和云制造服务平台为用户在产品全生命周期活动中提供可随时获取的、按需使用的、安全可靠的、优质廉价的制造资源与能力服务。

云计算的服务内容有三种：基础设施为服务 IaaS、平台为服务 PaaS、软件为服务 SaaS。云制造把论证、设计、生产加工、试验、仿真、经营管理、集成都作为服务，它里面包含了服务化资源和能力。

云制造"服务"具有以下特点：

(1) 按需动态架构：按照用户需求随时随地提供制造服务；

(2) 互操作：支持制造资源间与制造能力间的互操作；

(3) 协同：面向制造多用户协同、大规模复杂制造任务的协同；

(4) 异构集成：支持分布异构的制造资源、能力的集成；

(5) 超强快速响应能力：可快速、灵活组成各类服务以响应需求；

(6) 全生命周期智能制造：服务于制造全生命周期，利用智能信息制造技术实现跨阶段的全程智能制造。

从 MRPII 到 ERP 再到今天的云制造，制造业信息化的发展应用已经超过 30 年。云制造的出现可谓大势所趋，而过去所开展的 MRPII 和 ERP 的应用，都在很大程度上为云制造体系的建立打下了基础。

云制造运行原理图如图 5-20 所示，云制造平台关键技术如图 5-21 所示。

图 5-20 云制造运行原理图　　　　图 5-21 云制造平台关键技术

如果说企业内部的应用集成属于私有云的范畴，那么依托电子商务向外拓展的产业链的协同则属于公有云的范畴。而如今，这两个方面在制造企业中都已经进入实际应用阶段，这也是未来实现云制造体系的前提和基础。

制造业管理信息化历史和发展趋势如图 5-22 所示，制造业的规模化发展趋势如图 5-23 所示。

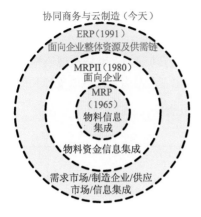

图 5-22　制造业管理信息化历史和发展趋势

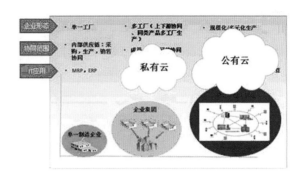

图 5-23　制造业的规模化发展趋势

> 什么叫"智能制造"？是属于人工智能吗？

智能制造源于人工智能的研究。智能制造是一种由智能机器和人类专家共同组成的人机一体化智能系统，它在制造过程中能进行智能活动，诸如分析、推理、判断、构思和决策等。通过人与智能机器的合作共事，去扩大、延伸和部分地取代人类专家在制造过程中的脑力劳动。它把制造自动化的概念进行更新，扩展到柔性化、智能化和高度集成化。

加拿大制订的 1994—1998 年发展战略计划，认为未来知识密集型产业是驱动全球经济和加拿大经济发展的基础，认为发展和应用智能系统至关重要，并将具体研究项目选择为智能计算机、人机界面、机械传感器、机器人控制、新装置、动态环境下系统集成。

日本 1989 年提出智能制造系统，且于 1994 年启动了先进制造国际合作研究项目，包括了公司集成和全球制造、制造知识体系、分布智能系统控制、快速产品实现的分布智能系统技术等。

欧盟的信息技术相关研究有 ESPRIT 项目，该项目大力资助有市场潜力的信息技术。1994年又启动了新的 R&D 项目，选择了 39 项核心技术，其中 3 项核心技术（信息技术、分子生物学和先进制造技术）中均突出了智能制造的位置。

中国 20 世纪 80 年代末也将"智能模拟"列入国家科技发展规划的主要课题，已在专家系统、模式识别、机器人、汉语机器理解方面取得了一批成果。目前，国家科技部已正式提出了"工业智能工程"，作为技术创新计划中创新能力建设的重要组成部分，智能制造将是该项工程中的重要内容。

2015 年 3 月 25 日，李克强组织召开国务院常务会议，部署加快推进实施"中国制造2025"，实现制造业升级。也正是这次国务院常务会议，审议通过了《中国制造 2025》。2015年 5 月 19 日，国务院正式印发《中国制造 2025》。《中国制造 2025》提出，坚持"创新驱动、质量为先、绿色发展、结构优化、人才为本"的基本方针，坚持"市场主导、政府引导、立足当前、着眼长远、整体推进、重点突破、自主发展、开放合作"的基本原则，通过"三步走"实现制造强国的战略目标：第一步，到 2025 年迈入制造强国行列；第二步，到 2035 年中国制造业整体达到世界制造强国阵营中等水平；第三步，到新中国成立一百年时，综合实力进入世界制造强国前列。

中国制造2025，是我国实施制造强国战略第一个十年的行动纲领，围绕实现制造强国的战略目标，《中国制造2025》明确了9项战略任务和重点，提出了8个方面的战略支撑和保障。其中，十个重点领域内容如表5-10所示。

表5-10　十个重点领域内容

十大领域	新一代信息技术产业	集成电路及专用装备。 信息通信设备 操作系统及工业软件
	高档数控机床和机器人	高档数控机床 机器人
	航空航天装备	航空装备 航天装备
	海洋工程装备及高技术船舶	大力发展深海探测、资源开发利用、海上作业保障装备及其关键系统和专用设备
	先进轨道交通装备	加快新材料、新技术和新工艺的应用，重点突破体系化安全保障、节能环保、数字化智能化网络化技术，研制先进可靠适用的产品和轻量化、模块化、谱系化产品
	节能与新能源汽车	继续支持电动汽车、燃料电池汽车发展，掌握汽车低碳化、信息化、智能化核心技术
	电力装备	推动大型高效超净排放煤电机组产业化和示范应用，进一步提高超大容量水电机组、核电机组、重型燃气轮机制造水平
	农机装备	重点发展粮、棉、油、糖等大宗粮食和战略性经济作物育、耕、种、管、收、运、贮等主要生产过程使用的先进农机装备，加快发展大型拖拉机及其复式作业机具、大型高效联合收割机等高端农业装备及关键核心零部件
	新材料	以特种金属功能材料、高性能结构材料、功能性高分子材料、特种无机非金属材料和先进复合材料为发展重点，加快研发先进熔炼、凝固成型、气相沉积、型材加工、高效合成等新材料制备关键技术和装备，加强基础研究和体系建设，突破产业化制备瓶颈。
	生物医药及高性能医疗器械	发展针对重大疾病的化学药、中药、生物技术药物新产品，重点包括新机制和新靶点化学药、抗体药物、抗体偶联药物、全新结构蛋白及多肽药物、新型疫苗、临床优势突出的创新中药及个性化治疗药物。

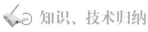 知识、技术归纳

　　了解国内外工业机器人品牌、主要产品及应用，在多机器人协同工作下的技术和发展。进一步认识智能视觉系统 RFID、云制造、智能制造等应用。

工程创新素质培养

　　关注《中国制造2025》行动纲领。关注一些多机器人协同工作的行业和典型应用生产线，同时加强协同算法和工业网络通讯的研究与应用。